花生高产示范田

山东省花生产业体系烟台试验站海阳试验示范基地

花生品种展示

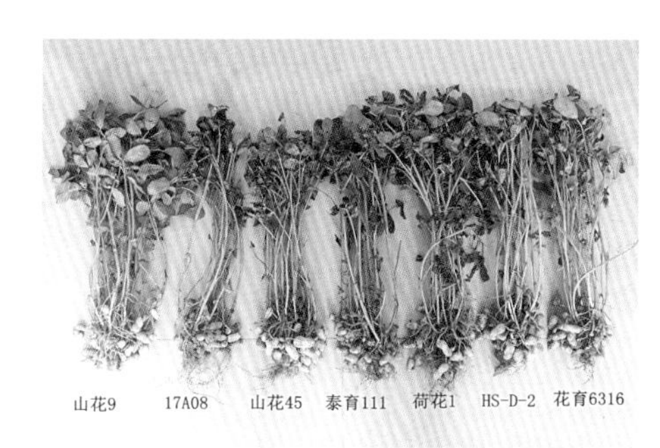

大花生品种

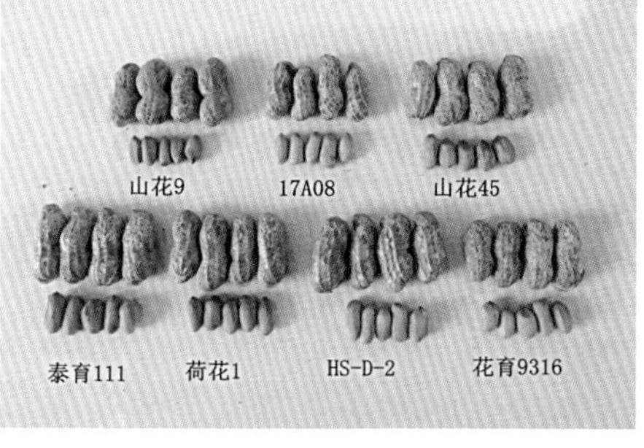

大花生品种果仁

小花生品种

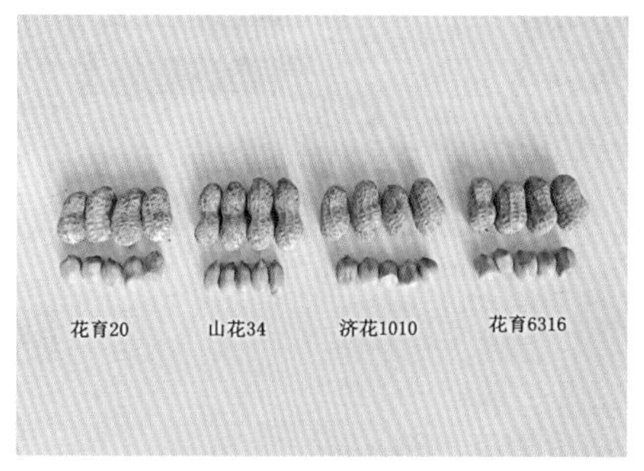

小花生品种果仁

花生出苗期

花生幼苗期

花生开花期

花生结荚期

花生饱果期

玉米花生间作机械播种

花生机械播种

花生膜下滴灌机械播种

夏花生机械播种

夏花生整地

花生喷灌

丘陵花生

生物肥和复合肥肥效试验

旱薄地花生

花生地膜栽培

玉米花生带状种植花生机械收获

果园间作花生

玉米花生间作无人机病虫防控

花生绿色优质高效栽培技术

陈康 林倩 王永丽 主编

中国农业出版社
北 京

前言

花生，又名长生果，也称落花生。中国是当今世界上生产花生最多的国家之一。花生是我国重要的油料作物和经济作物，在油料作物中其栽培面积列第二位，占油料作物栽培总面积的1/4以上，在国民经济中占有重要地位。

花生含油量高，是一种商品率很高的经济作物，其产品富含脂肪和蛋白质，综合加工利用增值效果明显。花生用途广泛，既可食用、油用，又可出口创汇，促进了我国优势农业的可持续发展。花生生产对维持全社会油脂和蛋白质的供需平衡，保持社会经济的健康发展具有重要的现实意义。多年来，我国生产的花生约有50%用于榨油，是人们日常的主要食用油源。花生油气味清香，滋味纯正，是人们喜爱的优质食用油。

本书对花生绿色优质高效栽培的基础理论、品种布局及选择、花生丰产栽培共性常规技术、花生专项栽培技术以及山东省近几年主要推广的花生集成生产技术等进行了较系统的阐述，内容较为全面，实用性和可操作性较强，可供农业技术人员和农民参考。

本书的编写得到了多位专家的指导和支持，并采用了有关同行的资料，在此一并表示感谢。

由于时间紧，编者水平有限，疏漏在所难免，敬请读者批评指正。

编　者

2023.4

目录

一、花生主要生产情况

花生，又名长生果，也称落花生，历史上曾有落地松、万寿果、千岁子等名称的记载。

中国是当今世界上生产花生最多的国家之一。20 世纪 90 年代以来，种植面积为印度的一半，但总产量却高于印度。花生是我国重要的油料作物和经济作物，在油料作物中其栽培面积仅次于油菜，列第二位，占油料作物栽培总面积的 1/4 以上，在国民经济中占有重要地位。

山东省是我国花生生产大省，花生种植遍及全省各地，主要分布于胶东丘陵区，鲁中南山区和鲁西、鲁北平原区。全省栽培的花生品种，20 世纪 50 年代以普通型大花生为主，60～70 年代以珍珠豆型品种为主，80 年代以来以中间型大花生为主，部分为普通型品种和珍珠豆型品种。栽培制度分两年三熟制和一年两熟制。

（一）花生生产及其在国民经济中的地位

花生（*Arachis hypogaea* L.），又名长生果，也称落花生，历史上曾有落地松、万寿果、千岁子等名称的记载。

中国是当今世界上生产花生最多的国家之一。20 世纪 90 年代以来，种植面积为印度的一半，但总产量却高于印度。花生是我国的重要油料作物和经济作物，栽培面积仅次于油菜，列第二位，占油料作物栽培总面积的 1/4 强，但花生总产位居全国油料作物之首，占 50%以上。

1. 主要的经济作物及食、油两用作物

花生是一种商品率很高的经济作物，其产品富含脂肪和蛋白

质，综合加工利用增值效果明显。花生用途广泛，既可食用、油用，又可出口创汇。花生生产对维持全社会油脂和蛋白质的供需平衡，保持社会经济的健康发展具有重要的现实意义。

种植花生不仅投入低、效益高，而且抗旱耐瘠、适应性强。在条件差的丘陵旱薄田，种植玉米等作物产量很低，而种植花生则能取得一定或较好收成。相同生产条件下，种植花生与其他作物相比，投资小，用工省，比较效益高，还可以起到改良土壤、增加后茬作物产量的作用。据统计，农民种植 $1hm^2$ 花生比种植 $1hm^2$ 小麦和玉米的总收入还要高 100 元左右。据花生主产区的生产调查，花生单产为 3 750kg/hm^2，扣除种子、化肥、农药、用工等各项生产费用，可获纯利 6 000 元左右。同时由于花生根瘤固氮肥田，约有 2/3 供给当季花生需要，其余 1/3 留在土壤中，相当于每公顷施用 300～375kg 标准氮肥。因此，花生是小麦、玉米、水稻等粮食作物的良好前茬作物，相同条件下花生后作种植小麦或玉米、水稻，较其他茬口种植可增产 10%～15%，每公顷可增值 300～450 元。近 20 年来，随着花生科技的进步，生产水平的提高，花生单位面积产量不断增加，已先后培创出大面积花生单产 6 000kg/hm^2 和 7 500kg/hm^2 的高产田，种植花生的经济效益大幅度提高，成为农民致富的一条重要途径。花生子仁中含有丰富的脂肪和蛋白质，具有很高的营养价值和经济价值。在美国，花生作为大众日常消费食品占有独特的地位，在其他国家，花生作为食品和植物蛋白质来源的地位也日益提高。在中国，花生作为重要的植物蛋白源，对改善国人食物结构，促进加工业发展方面也将发挥更重要的作用。当今，全球温暖地区都把花生作为食、油两用作物栽培。

花生含油量高，粗脂肪含量为 38%～60%。多年来，我国生产的花生约有 50%用于榨油，是人们日常的主要食用油源。花生油气味清香，滋味纯正，是人们喜爱的优质食用油。花生油含不饱和脂肪酸 80%以上、饱和脂肪酸 20%左右，可基本满足人体的生理需要。

2. 重要的工业原料

世界花生生产是随其榨油业的兴起和发展而发展的，花生工业是继大豆之后的又一新兴工业，在国民经济发展中占有突出地位。

花生子仁具有很高的营养价值、特殊的风味和良好的咀嚼质地，是食品工业的良好原料。花生子仁蛋白质含量一般为22%～30%，全世界花生蛋白质的产量，仅次于大豆和棉籽，居第三位，占世界植物蛋白质资源的11%以上。

花生蛋白综合利用越来越被重视，应用领域越来越广。利用花生直接制作的食品种类多、品质优，市场占有率高。用脱脂或半脱脂的花生可加工成花生蛋白粉、组织蛋白、分离蛋白、浓缩蛋白，这些蛋白粉是食品工业的重要原料，既可直接用于制作焙烤食品，也可与其他动、植物蛋白混合制作肉制品、乳制品和糖果等。花生粉还可用以制作面包、面条、饼干及其他糕点的添加剂、强化剂，既能提高食品的营养价值，又能改善食品的功能特性。如用花生蛋白和牛奶生产的混合乳，非常适合学龄前儿童食用。花生在改变人类食物结构、提高人民生活水平方面，将会发挥越来越大的作用。

用花生油作原料，可制造人造奶油、起酥油、色拉油和调和油等；还可制作肥皂、去垢剂、洗发液及化妆品等。榨油后的花生饼粕通过精加工可提取优质蛋白粉，未经加工饼粕可作为畜牧业和水产养殖业的优质饲料。

花生茎叶、果壳、种皮、籽仁都具有较高的药用价值，可以直接药用和作为制药原料。花生籽仁有补脾润肺、补中益气、开胃醒脾及止血的作用，生食10～20粒能明显减缓胃酸过多的现象。

工业上将花生壳干馏、水解处理后，制取醋酸、糠醛、活性炭、丙酮、甲醇等十余种工业产品。国外已从花生壳中提取胶黏剂原料。国内利用花生壳已制成了降低血压、减少胆固醇的药物。花生壳还可制作酱油，粉碎后的花生壳还是栽培蘑菇的上好培养料。花生种皮内富含丹宁，是生产可医治血小板减少症药品的主要原料。花生叶还可用于医治神经衰弱、失眠、高血压等症。

3. 传统的大宗出口商品

花生是我国的传统出口农产品，畅销许多国家。花生也是国际贸易中的主要商品之一，20 世纪 80 年代以来，世界花生年贸易量达 110 万 t 以上（以籽仁计）。此前油用籽仁约占 60%以上，到 20 世纪 90 年代，食用籽仁比重增加，油用籽仁下降至 50%左右，食用籽仁已超过 35%。我国花生品质优良，在国际市场上享有盛名，尤其是山东大花生，以颗粒肥大，色泽鲜艳，清脆香甜，无黄曲霉毒素而著称于世，在国际市场上具有较强的竞争力。我国花生的出口贸易量，20 世纪 50 年代在 1 万～18 万 t，60～70 年代出口很少，80 年代以后我国花生出口量逐年稳步趋升，达到 10 万～22 万 t，年均占世界花生出口总量的 22.7%。90 年代出口量增至 30 万 t 以上，1993 年 42 万 t，1994 年达到 48 万 t，1995 年后虽有回落，但到 2000 年又回升至 40 万 t，2001 年达到 49.36 万 t，占国际花生市场 1/3 以上的份额。

在花生出口量稳定增加的同时，我国花生出口结构正在由以出口原料为主向出口原料与花生制品并重的方向发展与转变，从原来单纯出口花生仁、花生果，发展到目前出口筛选分级仁、原料果、烤果、乳白（脱衣）花生、花生酱及其他花生制成品等多个产品。

我国出口花生主要以普通型、珍珠豆型和中间型大粒种为主，多粒型花生出口量较少。

4. 重要的营养保健品

花生油为世界五大食用油之一，也是人们喜爱食用的高级烹调植物油，无需精炼，即可食用。花生油的主要成分为不饱和脂肪酸，约 80%左右（其中油酸 53%～72%，亚油酸 8%～26%），饱和脂肪酸 20%左右（其中棕榈酸 6%～11%，硬脂酸 2%～6%，花生酸 5%～7%）。亚油酸对人体健康很重要，可调节人体生理机能，促进生长发育。对降低血浆中胆固醇含量、预防高血压和动脉粥样硬化、婴幼儿亚油酸缺乏症、老年性白内障等均有显著功效。

花生油中除含有对人体健康具有重要价值的脂肪酸外，并含有植物固醇和磷脂等。最近营养学家研究指出，含单不饱和键的油酸在降低血浆中胆固醇方面具有与亚油酸同样的功效。因此，长期食用花生油，对人类的健康非常有益。

花生蛋白质的可消化率高，易被人体吸收利用。花生蛋白质中含有人体所必需的8种氨基酸，并富含含硫氨基酸、核黄素、烟碱酸和维生素E等，都是很重要的营养成分。十多年来，我国花生蛋白开发利用也取得了长足发展，各类花生蛋白粉的制造工艺为花生蛋白质的利用提供了多条途径和渠道，扩大了花生蛋白质的利用范围，进一步提高了花生蛋白质的保健利用价值。

5. 在农业种植结构中占据重要位置

花生属豆科植物，根部着生根瘤，通过固定空气中的游离氮素，起到固氮肥田养地的作用。在中等肥力沙壤土上，花生根瘤菌供氮率为50%～60%。单产花生荚果7 500kg/hm^2的田块，根瘤可固定氮素75～90kg，一部分供当季花生自身需要，余者遗留于土壤中，有利于培肥地力促进后茬作物的生长发育。花生的根系发达，主根可深扎入土层2m以上，根系分泌的有机酸可将土中难溶性磷释放出来，具有活化土壤磷的作用。花生不仅抗旱耐瘠，而且喜生茬地，在新开垦的农田、新造田和新整的土地上，可把花生作为先锋作物，不仅当季花生可获得较好产量，而且为后作创造了增产条件。花生与粮食作物轮作，既可减轻病虫草害的发生，也能减少环境污染和土壤侵蚀，起到保护天敌提高后作产量的作用。有小麦全蚀病的地块，改种一季春花生后，下作小麦全蚀病可基本不发生。由此可见，花生在农作物轮作换茬中具有非常重要的地位，也是促进农业可持续发展的主导作物。随着农业科技水平的提高和进步，花生在耕作改制中优势显著。花生植株矮小，一般株高为50cm左右，特别是中、早熟品种的生育期较短，春播为120～145d，夏直播为90～130d。花生的形态特征和生育特性非常适合与小麦、玉米、果树、瓜菜等作物实行间作套种。麦套花生是北方花生产区的主要套种方式，且发展较快，已占花生播种面积的1/3强。麦套花生较纯种一季花生，每公顷可增收小麦3 000～4 500 kg，可增收3 000多元，比小麦、玉米两季每公顷收入增加4 500～6 000元，经济效益十分显著。实践表明，麦套花生是花生产区充分利用有限的土地资源，解决粮油争地矛盾，争取粮油双丰收的有效途径，符合中国国情，也是现代农业持续发展的需要。

提取油脂后的花生饼粕其营养成分仍然丰富，蛋白质含量高达50%以上，在几种油料饼粕中，以花生饼粕含量最高。花生饼粕既可制取人类食用蛋白质，如加工成蛋白粉经挤压膨化制成花生组织蛋白，也可作为畜牧业和水产养殖业的优质精饲料。据测定，将花生饼粕按适当比例掺入粗饲料中喂猪，一般每千克饼粕能增产猪肉0.8kg。

花生茎叶含碳水化合物42%～47%，蛋白质14%，脂肪2%，纤维20%。每千克干花生茎叶中含可消化蛋白70g，高于豌豆、大豆、玉米等作物的茎叶，是优于其他作物秸秆的优质粗饲料。用花生饼粕和茎叶喂牲畜，育肥快，质量好，所排泄的粪便中氮、磷、钾含量也高，是促进作物生长和培肥地力的优质有机肥料。据测定，每公顷生产3 000kg花生荚果，可提供2 250kg茎叶，750～900kg果壳，1 275～1 350kg饼粕，可饲育15头100kg重的猪，可实现农业生产的有机化和良性化循环，减轻农业污染。因此，大力发展花生生产，以田养畜，以畜养田，可有力地促进农业的良性循环。

（二）我国花生生产布局现状及主要产地

1. 布局现状

我国花生生产布局既相当分散，又相对集中。其种植范围，西自新疆维吾尔自治区的喀什，东至黑龙江省的密山，南起海南省的榆林，北到黑龙江省的瑷辉，从寒温带到热带，从低于海平面以下154m的吐鲁番盆地，到海拔1 800m以上的云南省的玉溪，从平原到丘陵，从水稻田到旱坡地，均有花生种植。据统计，全国种植花生的县（市、区、旗）中，种植面积不到667hm^{2}的占60%以上，而这些县（市、区、旗）的播种面积之和及总产，还不到全国种植面积和总产的10%，可见，我国花生生产布局相当分散。而占全国种植花生县（市、区、旗）总数不到40%、种植面积667hm^{2}以上的县（市、区、旗），其种植面积之和及总产又分别占全国的90%以上，说明产区的相对集中。

我国花生分布范围虽然广泛，但是由于花生生长发育需要一定的温度、水分和适宜的生育期，一般年平均气温11℃以上、生育期积温超过2 800℃、年降水量高于500mm的地区，才适宜花生生长。花生对土壤的适应性特别是耐瘠性很强，除了碱性较重的土壤外，几乎都可以种植花生。一般情况下，在较贫瘠的江河冲积沙土和丘陵沙砾土壤上种植花生，能获得较高的产量和收益。这样的土壤全国各地分布很广，在豫东、冀南、鲁西、苏北、皖北等黄河冲积平原及黄河古道沙土地带，冀东、辽西北的风沙地带，辽东、鲁东以及东南沿海丘陵沙砾土壤地区，由于气候土质适宜花生生长，从而分别形成了我国花生的主要产区。

2. 我国花生主要产地

2000年种植面积超过10万hm^{2}的省（自治区）有山东、河南、河北、广东、安徽、广西、四川、江苏、江西、湖南、湖北、福建、辽宁等13个。这13个省（自治区）的种植面积达450.85万hm^2，占全国花生种植总面积的92.85%，总产达1 362.58万t，占全国花生总产的94.38%，成为我国花生的主要产地。

（三）种植区划及分区

我国花生种植区划主要依据各花生产区的地理条件、气候因素、耕作制度、栽培方式、品种类型的分布特点，并考虑到目前的生产布局现状和今后的发展趋势等因素。

花生不同生态类型适宜气候区划是种植区划的主要组成部分，

也是种植区划的依据。试验证明，花生不同生态类型品种在各地能否正常生育，主要受积温和开花结荚期的日平均气温高低及适温保持时间所制约，在积温多的地区，则受耕作制度和农时需要所限制。因此，将 7～8 月的平均气温及生育期积温作为花生生态类型适宜气候区划的指标。张承祥等根据这一指标，将全国划分成 4 个花生不同生态类型品种气候区。

1. 各类型品种均适气候区

以 7～8 月平均气温≥24℃作等值线，以花生生育期积温≥3 300℃加以修正。本区包括天津、上海、江苏、浙江、安徽、福建、江西、山东、河南、湖北、湖南、广东、广西、台湾的全部、北京、河北、四川、贵州、新疆的南疆和东疆大部、辽宁的辽东湾沿岸的辽东半岛西侧、辽河下游平原和辽西走廊北部、山西南部、陕西中南部、云南的南部和西南部地区。

2. 珍珠豆型品种适宜气候区

以 7～8 月平均气温 24℃≥22℃作等值线，以花生生育期积温 3 300℃≥2 750℃加以修正。本区包括河北燕山东段以北、山西中部、内蒙古西北部、辽宁大部、吉林中部、四川南部、贵州北部、云南大部、西藏察隅、陕西北部、甘肃东北部、宁夏大部、新疆北疆部分地区。

3. 多粒型品种适宜气候区

以 7～8 月平均气温 22℃≥19℃作等值线，以花生生育期积温 2 750℃≥2 250℃加以修正。本区包括河北北部，内蒙古东部、南部和西南部，辽宁北部，吉林西北部，甘肃东部、南部及河西走廊中部，新疆北疆部分地区。

4. 不适宜气候区

以 7～8 月平均气温＜19℃作等值线，以花生生育期积温＜2 250℃

加以修正。本区包括内蒙古北部，黑龙江北部、东南部，四川西北阿坝自治区的全部和西部甘孜自治州的大部，云南北部，西藏除察隅以外的其他地区，甘肃西南部，青海的全部，宁夏南部四县，新疆的北疆部分地区和东疆北部地区。

二、花生的生育时期及各生育时期的特点

花生具有无限生长的习性，其开花期和结实期很长，而且在开花以后很长一段时间里，开花、下针、结果是连续不断地交错进行，因此，与其他作物相比，花生生育时期的划分存在一定难度。尽管如此，花生各器官的发生及其生育高峰的出现具有一定的顺序性和规律性，不同生育时期植株形态及干物质分配在不断发生变化，这些变化特点可作为生育时期划分的重要依据。目前，国内从栽培研究角度出发，一般将花生一生分为种子发芽出苗期、幼苗期、开花下针期、结荚期和饱果成熟期5个生育时期。

（一）种子发芽出苗期

1. 种子发芽出土过程

从播种到50%的幼苗出土、第一片真叶展开为种子发芽出苗期。

完成了休眠并具有发芽能力的种子，在适宜的外界条件下即可萌发。花生种子需吸收风干种子重的40%～60%的水分，才能开始萌动。吸水速度与水的温度有关，水温在30℃，3～5小时即可吸足萌发所需水分；15℃左右则需6小时以上。

在种子吸胀的同时，种子内各种酶的活性加强，呼吸作用急剧升高，子叶内脂肪等贮藏物质在酶的作用下转化成简单的可溶性物质，并转运到胚根、胚轴、胚芽中，进行再合成或在呼吸中消耗。同时，胚根、胚轴、胚芽体积随之扩大，先是胚根和胚轴开始生长，当胚根突破种皮，露出3毫米的白尖即为发芽。种子萌发后，

胚根迅速向下生长形成主根，并很快长出侧根，到出苗时，主根长可达20～30厘米，侧根可达30多条。在胚根生长的同时，下胚轴变得粗壮多汁并向上伸长，将子叶及胚芽推向土表。当子叶顶破土面，芽苗曝光后，下胚轴停止伸长，而胚芽迅速生长，种皮破裂，子叶张开，当第一片真叶伸出地面并展开时，称为出苗。花生出苗时，两片子叶一般不出土，在播种浅或土质松散的条件下，子叶可露出地面一部分，所以称花生为子叶半出土作物。花生的胚轴粗壮，发芽出苗时顶土能力较强，但若播种过深，或覆土太厚，胚轴就不能将子叶推至土表，这样，由子叶节上生出的第一对侧枝的生长便受到阻碍，直接影响产量。这是生产上花生要“清棵”的主要原因。

花生出苗期

2. 影响种子萌发出苗的因素

影响种子萌发出苗的内因是种子活力的强弱，外因是环境条件，主要有温度、水分和氧气等。

（1）种子活力　种子活力或种子生活力，是指种子发芽的潜在能力或种胚所具有的生活力。活力强的种子不仅发芽率高、整齐，而且幼苗健壮，特别是在逆境条件下，也具有良好的发芽能力。种子成熟度与种子活力关系密切。完全成熟的饱满大粒种子，含有丰富的营养物质，活力旺盛，发芽势强，发芽率高，幼苗健壮；成熟度差的种子，即使能够萌发，幼苗长势也往往较弱，抗逆性差。因此，选用一级大粒饱满籽仁作种，是花生苗全、苗壮的关键。

（2）水分 种子从萌发到出苗约需吸收种子重量 4 倍的水。播种时土壤水分以田间持水量的 65%～75%为宜。在此水分条件下，种子吸水和发芽快，出苗齐而壮。当土壤水分降至田间持水量的 40%时，种子虽能发芽，但种子吸水、发芽及发芽后根的生长、胚轴的伸长等明显变慢，并时常出现发芽后又落干的现象，出苗不齐；但若土壤湿度过大，因氧气不足，种子呼吸受抑，反而降低发芽率，土温较低或种子生活力较弱的情况下，表现更为明显，严重时造成烂种。

（3）温度 种子萌发要求一定的温度，不同类型品种萌发、出苗所需温度有一定差异。萌发时要求的最低温度，珍珠豆型和多粒型为 12℃，普通型和龙生型为 15℃。在一定范围内，随着温度上升，种子发芽速度加快，发芽率高，但当温度超过一定程度时，反而会延迟发芽时间。这是夏直播覆膜花生出苗时间迟于露地直播的主要原因。花生种子发芽最适温度为 25～37℃。当温度高于 40℃时，胚根发育受阻，发芽率下降；当温度升至 46℃，有些品种不能发芽。据山东农业大学（1989）研究，中熟大花生品种萌发出苗过程约需 5 厘米地温大于 12℃的有效积温 116℃。北方适期春播花生萌发出苗一般需 10～15 天，夏播 5～8 天。

花生种子一旦吸水萌动后，种子和幼苗耐低温能力锐降。据报道，含水量为 6%～8%的风干种子，在－25℃条件下仍能保持正常生活力；而含水量 30%以上的种子在－3℃就失去发芽力。刚萌动的种子，在－1～0℃条件下，经 6～24 小时，受冻率达40%～70%。

（4）氧气 在适宜的温度、水分条件下，种子萌动发芽，呼吸作用加强，需要大量的氧气，以促使脂肪转化为糖类，保证幼苗正常生长。当空气中氧含量降至正常含量的 3/4 时，就会影响幼苗正常生长。土壤通气状况良好，种子内有机物质氧化分解快，产生的能量多，发芽速度快，幼苗健壮。当土壤水分过多，或土壤板结，或播种过深，造成土壤缺氧时，幼苗长势弱，出土慢，甚至烂种。

（二）幼苗期

从50%种子出苗到50%的植株第一朵花开放为幼苗期，或称苗期。苗期生长缓慢，主茎高度、叶面积、干物质积累都属缓慢增长期，绝对生长量较小（始花时主茎高只有4～8厘米），但相对生长量是一生最快的时期。

花生幼苗期

1. 主要结果枝已经形成

出苗后，主茎第1～3片真叶很快连续出生，在第3或第4片真叶出生后，真叶出生速度明显变慢，至始花时，主茎一般有7～8片真叶。当主茎第3片真叶展开时，第一对侧枝开始伸出。第5～6片真叶展开时，第三、四条侧枝相继生出，此时主茎已出现4条侧枝，呈“十”字形排列，通常称这一时期为团棵期。至始花时生长健壮的植株一般可有6条以上分枝（包括二次枝）。这些分枝所长的叶片构成花生植株进行光合作用的主体，其上所结荚果占花生结果总数的80%以上。

2. 大批花芽分化完毕

在侧枝发生的同时，花芽陆续分化，约在团棵期，第一朵花的花芽已进入四分体期。到第一朵花开放时，一株花生可形成60～100个花芽，一般密枝亚种多于疏枝亚种，但同一类型不同品种间也有差异。苗期分化的花芽在始花后20～30天内都能陆续开放，基本上都是有效花。

3. 大量根系发生

与地上部相比苗期根系生长较快，除主根迅速伸长外，1～4次侧根相继发生，侧根条数达100～200条，深度达60厘米以上，至始花时根系干重可占成熟时的26%～45%。根系生长的同时，根瘤亦开始大量形成。

花生苗期的长短，品种间有显著差异。连续开花型品种较短，一般主茎有7～8片真叶即能开花；交替开花型较长，一般主茎有9片真叶时才能开花。同类品种苗期长短主要受温度影响，需大于10℃有效积温300～350℃。日本在人工气候室条件下试验表明：当日均气温由20℃升至25℃时，苗期缩短6.2～6.8天；当日均气温由25℃升至30℃时，苗期仅缩短1.6～4.0天，说明日均气温25℃左右最有利于幼苗生长发育。在山东气候条件下，苗期基本随播期的推迟而缩短。据万勇善等（1995）报道，在泰安地区，春播、麦套和夏直播三种种植方式花生从出苗至始花分别需31天、27天和20天。但品种间或同一品种不同年份、不同地区间，苗期长短亦存在一定差异。一般北方春播花生苗期25～35天，夏播20～25天，地膜覆盖栽培缩短2～5天。

叶片在花生幼苗期干物质分配中占有明显优势，始花时，叶干重一般占全株总重的一半以上，即光合器官所占比例最大，加之此期内叶片少，叶面积系数低，叶片间相互重叠轻，因而幼苗期单位叶面积光合生产率往往是花生一生中最高的。但由于苗期植株小，绝对生长量亦少，至始花时，茎、叶及全株累积干重一般不到全生育期总量的10%。

花生幼苗期氮代谢优势明显，叶片中氮含量一般为3%～6%，是一生中最高的时期。叶片中总糖含量（可溶性糖+淀粉），幼苗初期较低，随叶数增多，光合作用产生的碳水化合物不断增加，加之此时各器官生育较慢，对碳水化合物需求量相对较少，因此，叶片中总糖含量不断升高。总的说来，幼苗期叶片中糖氮比呈上升趋势。

（三）开花下针期

从50%植株开始开花到50%植株出现鸡头状幼果（子房膨大呈鸡头状）为开花下针期，简称花针期。这是花生植株大量开花、下针、营养体开始迅速生长的时期。

花生开花

进入花针期后，植株生长发育逐渐加快。根系在继续伸长的同时，不断加粗，并出现第五次侧根。主侧根上形成大量有效根瘤，固氮能力不断增强。主茎复叶增至11～12片，叶片变大，颜色转淡，第1、第2对侧枝陆续分生出二次枝，同时花生基部叶片开始衰老脱落。全株叶面积增长迅速，达到一生中最快的时期，夏播花生表现尤为突出。正常情况下，该期所增长的叶片数可占最高叶片数的50%～60%，增长的叶面积和叶片干物质量可达最高量的40%～60%，在低水肥条件下可能达70%以上。所积累的干物质量可达一生总积累量的20%左右。在积累的干物质中，有90%～95%在营养器官，茎与叶各占一半左右。但是，花针期还未达到植株干物质积累的最盛期，叶面积系数一般还不到最高峰，即使在水肥较好的条件下，珍珠豆型品种叶面积系数一般不超过3，普通型丛生品种略高于3，田间还未封垄或刚开始封垄，冠层光截获率为50%～70%。从生型品种植株还较矮，主茎高度只有20～30厘米。花针期吸收营养量开始大量增加，对氮、磷、钾三要素的吸收量占全生育期总吸收量的23%左右。

花针期的开花数通常可占总花量的50%～60%，形成的果针数可达总数的30%～50%，并有相当多的果针入土。此期生殖生长与营养生长协调，营养体生长旺盛的植株，开花下针亦多。但此期生殖器官干物质所占比例并不多，占本期总积累量的5%～10%。这一时期所开的花和所形成的果针有效率高，饱果率也高，是将来产量的主要组成部分。

花针期的长短，因品种及环境条件不同而有所变化。花针期大约需大于10℃有效积温290℃。北方中熟品种春播一般需25～30天，麦套或夏直播一般需20～25天；早熟品种春播需20～25天，麦套或夏直播一般需17～20天。另外，低温、弱光、干旱等条件能延缓果针的形成及子房的膨大，从而延长花针期。

花针期各器官的生育对外界环境条件反应比较敏感。土壤干旱，尤其是盛花期干旱，不仅会严重影响根系和地上部的生长，而且显著影响开花，延迟果针入土，甚至中断开花，即使干旱解除，亦会延迟荚果形成。当土壤水分低于田间最大持水量的40%时，叶片停止生长，果针伸长慢，茎枝基部节位的果针也因土壤板结不能入土，入土的果针也停止膨大。在花针期，干旱对生育期短的夏花生和早熟品种的影响尤其严重。但土壤水分超过田间持水量的80%时，又易造成茎枝徒长，花量减少，而且由于土壤通透性差，影响根系的正常生长和对矿质元素的吸收，同时根瘤菌的固氮活动和供氮能力也因缺氧而降低。时间稍长植株会出现叶色失绿变黄，严重时下部甚至中部叶片脱落。

花针期对温度要求较高，此期适宜的日平均气温为 22～28℃，在此范围内，随温度升高，开花量增加。当温度低于 20℃或高于 30℃时，开花量明显减少，尤其是受精过程受到严重影响，成针率显著降低。当温度低于 18℃或高于 35℃时，花粉粒不能发芽，花粉管不伸长，胚珠不能受精或不能完全受精。

花针期对日照时数和光照度反应较为敏感。最适日照时数为 6～8 小时，日照时数少于 5 小时或多于 9 小时，会减少开花量。减弱光照度会降低干物质积累速度，增加主茎高度，抑制侧枝生长，减少开花量，降低受精率和结实率。

（四）结荚期

从 50%植株出现鸡头状幼果到 50%植株出现饱果为结荚期。这一时期是花生营养生长与生殖生长并盛期，叶面积系数、冠层光截获率、群体光合强度和干物质积累量均达到一生中的最高峰，同时亦是营养体由盛转衰的转折期。株高在结荚初期增长速度最快，约在结荚末期或稍后达高峰；叶面积系数在结荚初期达 3 左右，田间封垄以后可上升到 4.5～5.5，约在结荚中期达最大，维持到结荚末期，随后由于下部叶片衰老脱落而迅速下降，冠层光截获率在 90%以上。结荚期根系继续伸长、加粗，并不断产生新侧根。至结荚期末，主根长度和粗度基本定型，直立型品种侧根数达到一生中最大值。地上部茎的生长优势明显，茎的干物质累积增量占全株干物质增量的 40%左右，是一生中积累最多的时期，而叶的干物质增量仅为茎的 1/2 左右。该期干物质积累量占总生物量的 50%～60%，有 50%～70%被分配到营养器官中。

结荚期是花生荚果形成的重要时期，此期在正常情况下，开花量逐渐减少。大批果针入土发育成幼果和秕果，果数不断增加，该期所形成的果数占最终单株总果数的 60%～70%，有时可达 90%以上，若连幼果在内，则几乎全部在结荚期形成，因此是决定荚果数量的时期。单株荚果干物质增长率自结荚初期日益加快，至结荚后期或饱果初期达果重日增率高峰。此期果重增长量可占最后总量的 40%～60%，夏播花生可达 50%～60%，是产量形成的重要时期。

结荚期也是花生一生中吸收养分和耗水量的最盛期。结荚期所吸收的氮、磷占一生吸收氮、磷总量的 60%和 70%左右，日耗水量可达 5～7 毫米，对缺水干旱最为敏感。结荚初期是根瘤固氮与供氮的盛期，以后根瘤菌固氮与供氮呈下降趋势，但仍可为花生植株提供相当数量的氮素。此期光照不足，显著减轻果重，是花生一生光照不足对产量影响最大的时期。

结荚期长短及荚果发育好坏取决于温度及品种特性。一般大果品种约需大于 10℃有效积温 600℃（或大于 15℃有效积温 400～450℃）。北方中熟大果品种需 40～45 天，早熟品种 30～40 天，地膜覆盖可缩短 4～6 天。低温、干旱、多雨和光照不足等均能影响荚果正常发育，延长结荚期，导致减产。

花生结荚期

（五）饱果成熟期

从 50%的植株出现饱果到大多数荚果饱满成熟，称饱果成熟期或简称饱果期。这一时期营养生长逐渐衰退，叶片逐渐变黄衰老脱落，叶面积迅速减少，净光合生产率下降，干物质积累速度变慢，根系因老化吸收能力显著降低，根瘤停止固氮；茎叶中所积累的氮、磷等营养物质大量向荚果运转，干物质增量有可能成为负值。生殖生长主要表现为荚果迅速增重，特别是在饱果初期，此期内果针数、总果数基本不再增加，但饱果数和果重则明显增加。这一时期所增加的果重一般可占总果重的 40%～60%，是荚果产量形成的主要时期。

饱果期长短，因品种熟性、种植制度、气温等影响，差异很大，北方春播中熟品种需 40～50 天，需大于 10℃有效积温 600℃以上，晚熟品种约需 60 天，早熟品种 30～40 天。夏播一般需20～30 天。干旱等因素能加速植株衰老，缩短饱果期，而肥水过多、雨水过频或弱光条件，均能延长饱果期。

饱果期营养生长的衰退程度和荚果发育好坏，与饱果期干物质积累和分配以及最终产量密切相关。一种情况是营养生长衰退过早过快，冠层干物质积累少，荚果充实速度慢且时间短，产量低。干旱、土壤肥力不足或叶部病害严重等常会发生此种现象。另一种情况是营养体没有明显下降衰退迹象，茎叶继续保持一定的生长势头，冠层叶面积较大，干物质积累较多，但运往地下生殖体（特别是荚果）的部分较少，生育后期肥水过多、地下荚果严重腐烂或地

花生饱果期

下害虫对荚果危害严重等，易出现此种现象。较为理想的状态为营养体生长缓慢衰退，既能保持较多的叶面积和较高的生理功能，产生较多的干物质，又能使这些物质主要用于充实地下荚果，形成产量。在正常年份和一般生产条件下，生育后期延缓叶片衰老脱落速率，维持植株具有较多的叶面积，是产生较多干物质的基础，也是最终取得花生高产的重要保证。因此，在正常情况下，后期保叶是确保花生高产的一项重要措施。

三、花生品种选择及主要花生新品种介绍

花生良种合理布局，就是采用现代农业科学研究方法，摸清花生产区的农业生产条件、生态环境条件和土壤肥力条件，根据产品利用和市场需求的客观条件，筛选最适合种植的花生良种，制定出良种优化布局方案和配套栽培技术方案，以充分发挥良种的增产潜力和经济效益。

（一）花生良种布局的原则

花生良种布局必须遵循最大程度地发挥良种的丰产潜力、提高产品品质、增加经济效益、有利于生态平衡、顺应耕作制度发展等原则。

1. 良种合理布局必须建立在试验的基础上

良种布局是否合理必须通过试验验证，其中包括良种良法配套栽培试验、适合产区生态因素的生态型品种的筛选鉴定试验、产区生态因素影响试验及花生产量的主要限制因素试验等，根据试验结果确定良种合理布局方案。

花生品种展示

2. 综合考虑，力求区域性布局相对合理

花生良种合理布局必须综合考虑当时主要推广品种的特性、当地自然条件和生产条件、农民种植习惯及产品利用等因素，制定出区域性布局方案，并进行多点试验验证，确定本地区的主栽品种。各县（市）再根据本身的具体情况，通过试验，确定本单位的主栽品种和搭配品种。切勿大调大运，盲目引种，以免造成引种失误，导致减产和影响经济收入。

3. 品种合理搭配，防止品种单一化和多、乱、杂

各地要根据自己的具体情况，确定一个主栽品种和 1～2 个搭配品种。在具体种植过程中，一般要掌握中熟品种搭配早熟品种，高产品种搭配中产稳产品种，出口品种搭配油用品种，垂直抗性品种搭配水平抗性品种。这样既可避免因自然灾害发生而导致花生产量大幅度减产，又可避免因内、外贸形势不好而造成农民收入降低。

（二）花生良种合理布局的依据

花生良种布局必须依据产区的生态因素，品种的生态特性，产区的耕作制度、生产条件以及产品的利用目的等进行合理安排。

1. 产区的生态因素

在制定花生良种合理布局方案时，必须首先摸清产区的生态因素，包括温度、水分、土壤、主要病虫害等。

（1）温度　温度是花生生长发育的主要因素。应根据历年的气象资料，详细分析产区各月份的平均温度和总积温，判断最适于种植哪一类型品种。

据山东省花生研究所、山东农业大学等单位研究，中间型中熟大花生春播生育期总积温需 3 500℃，大于 10℃ 的有效积温为 1 991.4℃；麦套全生育期的总积温为 3 150℃，大于 10℃的有效积

温为 1 838.9℃；夏直播全生育期的总积温为 2 600℃以上，大于 10℃的有效积温为 1 513.6℃。

（2）水分 水分是花生生长发育的另一个重要因素。要根据历年的气象资料，摸清产区的总降水量和降水分布情况，并与花生不同产量水平的耗水量进行比较，进而确定品种类型。

（3）土壤 土壤是花生生长发育最基本的条件，应全面测定产区土壤的理化性质。主要包括土壤孔隙度，土壤容重，土壤中有机质、全氮、有效磷、速效钾含量及 pH 等。

（4）主要病虫害 山东等北方产区的主要病虫害有早斑病、晚斑病、网斑病、病毒病（主要是条纹病毒）、线虫病、青枯病、蛴螬、蚜虫、棉铃虫、金针虫等，要根据具体情况选用抗病虫品种。

2. 品种的生态特性

不同品种有着不同的生态特性。从对土壤的适应性讲，有抗旱耐瘠品种和耐肥品种；从生育期上讲，有早熟、中熟和晚熟品种；从利用途径上讲，有油用、食品加工和出口品种。因此，在制定良种布局方案时，所选用品种的生态特性必须与产区的生态环境相适应。

3. 产区的耕作制度、生产条件及产业发展需求

耕作制度是影响花生良种布局的主要因素之一。花生产后利用也是品种布局的依据。我国各花生产区所产花生的利用目的略有差别，有油用为主、食用为主、国内加工贸易为主和原料出口及加工出口为主等。

根据当地自然条件、耕作制度和产业发展需求，优化品种布局，例如在鲁东地区，适合选用花育 22、山花 7 号和鲁花 10 号等传统出口大花生要求的新品种，搭配种植鲁花 11、花育 33、山花 9 号等高产、高油大花生品种；在鲁中南地区，适合选用丰花 1 号、花育 22、山花 9 号、花育 25、潍花 8 号、青花 5 号、科花 1

号、日花1号等高产、高油大花生新品种，不断加大优质食用型和商品性状优良的加工型新品种种植比例；在鲁西南地区，适合选用丰花1号、山花9号、花育25、花育31、潍花8号等高产、高油大花生新品种。

大花生品种

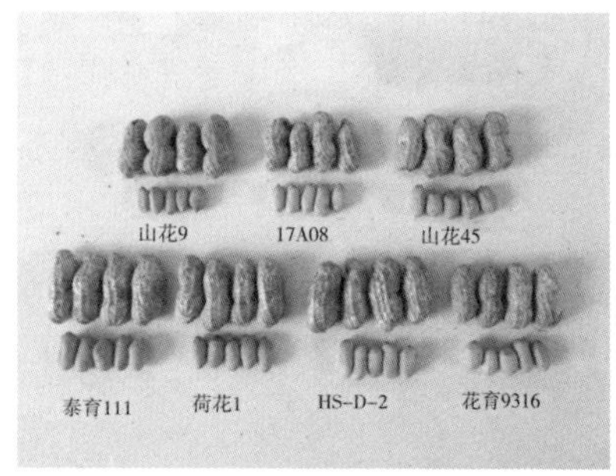

大花生品种果仁

在推广种植大花生品种的基础上，可以结合当地生产实际，搭配推广种植丰花6号、潍花9号、花育23、花育32、山花8号、青花6号等小花生品种。

小花生品种

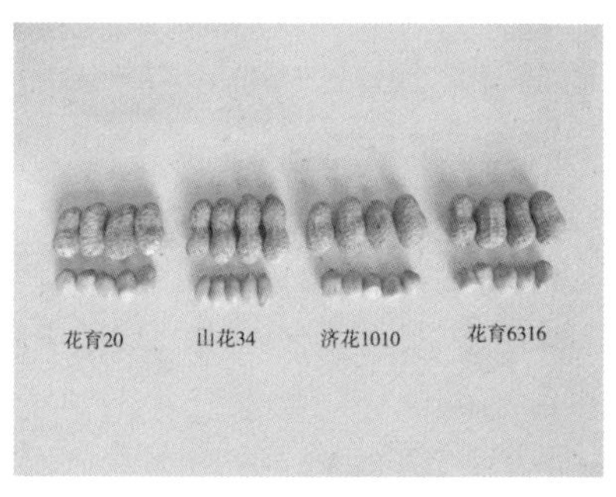

小花生品种果仁

在产量水平较高的地块，选择丰花1号、花育25、花育22、花育33等综合性状好、单株产量潜力大的中熟或中晚熟大果型品种，推广花生单粒精播高产配套技术。选择潍花8号、山花9号等综合性状好、单株产量潜力大的早熟或中早熟大果型品种，推广花生夏直播技术。

（三）主要花生新品种介绍

1. 大花生品种

（1）山花 13

［审定编号］鲁农审 2011019 号

［选育单位］山东农业大学

［品种来源］常规品种，系（79266×鲁花 11）F_1 种子经 $^{60}Co-\gamma$射线 10.32 库伦/千克辐射后系统选育。

［特征特性］属中间型大花生。荚果普通型，网纹清晰，果腰中浅，籽仁长椭圆形，种皮粉红色，内种皮橘黄色，连续开花。区域试验结果：春播生育期 126 天，主茎高 47.1 厘米，侧枝长 48.7 厘米，总分枝 9 条；单株结果 15 个，单株生产力 21.1 克，百果重 236.4 克，百仁重 100.5 克，千克果数 552 个，千克仁数 1 183 个，出米率 71.5%。2008 年经农业部食品质量监督检验测试中心（济南）品质分析：蛋白质含量 24.6%，脂肪含量 43.4%，油酸含量 49.5%，亚油酸含量 30.4%，O/L 值 1.6。2008 年经山东省花生研究所田间抗病性调查：高感叶斑病。

［产量表现］在 2008—2009 年山东省花生品种大粒组区域试验中，两年平均亩*产荚果 362.9 千克、籽仁 259.9 千克，分别比对照丰花 1 号增产 8.4%和 11.2%；2010 年生产试验平均亩产荚果 319.9 千克、籽仁 225.6 千克，分别比对照丰花 1 号增产 10.1%和 11.4%。

［栽培技术要点］适宜密度为每亩 0.8 万～1 万穴，每穴播 2 粒。其他管理措施同一般大田。

［适宜种植区域］在山东省适宜地区作为春播大花生品种种植利用。

（2）潍花 16

［审定编号］鲁农审 2015031 号

---

* 亩为非法定计量单位，1 亩≈666.7 米^2。——编者注

［选育单位］山东省潍坊市农业科学院

［品种来源］常规品种，系潍花 8 号与豫花 15 杂交后选育。

［特征特性］属中间型大花生。荚果普通型，网纹清晰，果腰浅，籽仁长椭圆形，种皮粉红色，内种皮黄白色，连续开花。区域试验结果：春播生育期 131 天，主茎高 43.0 厘米，侧枝长 46.8 厘米，总分枝 7 条；单株结果 14 个，单株生产力 22.8 克，百果重 257.4 克，百仁重 107.2 克，千克果数 520 个，出米率 72.4%。2013—2014 年经农业部油料及制品质量监督检验测试中心品质分析：蛋白质含量 23.1%，脂肪含量 55.07%，油酸含量 52.25%，亚油酸含量 27.5%，O/L 值 1.9。田间抗病性调查：感叶斑病。

［产量表现］在 2012—2013 年山东省大花生品种区域试验中，两年平均亩产荚果 373.9 千克、籽仁 270.7 千克，分别比对照花育 25 增产 4.5%和 3.3%；2014 年生产试验平均亩产荚果 424.9 千克、籽仁 306.4 千克，分别比对照花育 25 增产 9.3%和 7.0%。

［栽培技术要点］适宜密度为每亩 0.9 万～1 万穴，每穴播 2 粒。其他管理措施同一般大田。

［适宜种植区域］在山东省适宜地区作为春播大花生品种种植利用。

（3）潍花 8 号

［审定编号］鲁农审字［2003］014 号

［选育单位］山东省潍坊市农业科学院

［品种来源］以（79266×鲁花 11）F_1 与鲁花 11 回交，采用改良系谱法选育而成。

［特征特性］属疏枝型早熟大花生，株型直立，叶色深绿，结果集中。生育期 129 天左右，抗旱性较强，抗病性中等，耐涝性一般。主茎高 41.3 厘米，侧枝长 46.6 厘米，总分枝 7 条；单株结果 13.8 个。品种属中间型，荚果普通型，籽仁椭圆形，种皮粉红色，内种皮淡黄色，百果重 228.3 克，百仁重 95.9 克，千克果数 598 个，千克仁数 1 192 个，出米率 74.1%。统一取样（风干样品）经农业部食品监督检验测试中心（济南）测定品质，脂肪含量

47.5%，蛋白质含量23.2%，油酸含量50.49%，亚油酸含量31.53%，O/L值1.60。

［产量表现］在2000—2001年山东省花生新品种大粒组区域试验中，平均亩产荚果346.7千克、籽仁256.7千克，分别比对照鲁花11增产13.0%和14.4%，2002年参加生产试验，平均亩产荚果376.9千克、籽仁281.5千克，分别比对照鲁花11增产10.2%和12.5%。

［栽培技术要点］春播、夏直播覆膜、麦田套种均可，春播适宜密度为每亩0.9万穴左右，夏播每亩1.1万穴左右，注意防治叶斑病。其他管理同一般大田。成熟后及时收获。

［适宜种植区域］适宜山东省中上等肥力，排灌条件良好的生茬地作为大花生品种推广利用。

（4）潍花10号

［审定编号］鲁农审2009039号

［选育单位］山东省潍坊市农业科学院

［品种来源］常规品种。95-3与潍1365杂交后系统选育。

［特征特性］荚果普通型，籽仁椭圆形，种皮粉红色，内种皮金黄色，无油斑，无裂纹。区域试验结果：春播生育期124天，主茎高33.8厘米，侧枝长38.5厘米，总分枝7条；单株结果13个，单株生产力21克；百果重204.0克，百仁重79.6克，千克果数632个，千克仁数1 486个，出米率67.0%。抗旱及耐涝性中等。2007年经农业部食品质量监督检验测试中心（济南）品质分析：蛋白质含量23.5%，脂肪含量50.9%，水分含量5.32%，油酸含量51.1%，亚油酸含量30.4%，O/L值1.68。经山东省花生研究所抗病性鉴定：网斑病病情指数57.2，褐斑病病情指数15.2。

［产量表现］在2006—2007年山东省花生品种大粒组区域试验中，两年平均亩产荚果337.4千克、籽仁234.7千克，分别比对照鲁花11增产13.1%和11.4%；2008年生产试验平均亩产荚果326.2千克、籽仁233.9千克，分别比对照丰花1号增产5.6%和7.3%。

[栽培技术要点] 适合在沙质土壤或壤土种植。适宜密度每亩1万穴，每穴播2粒。施足基肥，重施有机肥和磷肥，盛花至结荚期注意防旱灌溉，生育期间注意防治病虫草害。成熟后及时收刨。其他管理措施同一般大田。

[适宜种植区域] 在山东省适宜地区作为春播大花生品种推广利用。

(5) 山花7号

[审定编号] 鲁农审2007030号

[选育单位] 山东农业大学农学院

[品种来源] 常规品种。为（海花1号×A596）F_1经168戈瑞$^{60}Co-\gamma$射线辐射处理选育。

[特征特性] 属普通型大花生品种。荚果普通型，籽仁椭圆形，种皮粉红色，内种皮淡黄色。区域试验结果：生育期129天，株型紧凑，疏枝型，连续开花，抗倒伏性一般，主茎高39厘米，侧枝长43.4米，总分枝9条；单株结果15个，单株生产力20.6克；百果重236.3克，百仁重97.6克，千克果数627个，千克仁数1 258个，出米率73.4%。种子休眠性强，抗旱性强，耐涝性中等，中抗叶斑病。2004年取样经农业部食品监督检验测试中心（济南）品质分析（干基）：蛋白质含量24.6%，脂肪含量50.3%，水分含量5.2%，油酸含量45.3%，亚油酸含量32.7%，O/L值1.47。

[产量表现] 在2004—2005年山东省大花生品种区域试验中，亩产荚果329.5千克、籽仁237.9千克，分别比对照鲁花11增产10.5%和12.0%；在2006年生产试验中，亩产荚果329.8千克、籽仁241.0千克，分别比对照鲁花11增产11.7%和12.3%。

[栽培技术要点] 适宜密度为每亩0.8万～1万穴，每穴播2粒。注意化控防倒伏。其他管理措施同一般大田。

[适宜种植区域] 在山东省适宜地区作为春直播或麦田套种花生品种推广利用。

(6) 山花9号

[审定编号] 鲁农审2009035号

［选育单位］山东农业大学农学院

［品种来源］常规品种。系（海花 1 号×花 17）F_1 种子经 $^{60}Co-\gamma$射线 5.16 库仑/千克辐射后系统选育。

［特征特性］荚果普通型，网纹清晰，果腰较粗，果壳较硬，籽仁长椭圆形，种皮粉红色，内种皮橘黄色。区域试验结果：春播生育期 127 天，主茎高 32.9 厘米，侧枝长 36.9 厘米，总分枝 8 条；单株结果 12 个，单株生产力 21 克；百果重 207.4 克，百仁重 84.0 克，千克果数 585 个，千克仁数 1 381 个，出米率 69.6%。抗旱及耐涝性中等。2007 年经农业部食品质量监督检验测试中心（济南）品质分析：蛋白质含量 29.4%，脂肪含量 50.7%，水分含量 5.0%，油酸含量 40.8%，亚油酸含量 39.2%，O/L 值 1.04。经山东省花生研究所抗病性鉴定：网斑病病情指数 41.8，褐斑病病情指数 14.7。

［产量表现］在 2006—2007 年山东省花生品种大粒组区域试验中，两年平均亩产荚果 337.3 千克、籽仁 236.6 千克，分别比对照鲁花 11 增产 13.0% 和 12.2%；2008 年生产试验平均亩产荚果 340.5 千克、籽仁 244.0 千克，分别比对照丰花 1 号增产 10.2% 和 11.9%。

［栽培技术要点］适宜密度 0.8 万～1 万穴，每穴播 2 粒。施足氮肥，重施有机肥和磷肥，盛花至结荚期注意防旱灌溉。其他管理措施同一般大田。

［适宜种植区域］在山东省适宜地区作为春播大花生品种推广利用。

（7）花育 22

［审定编号］鲁农审字［2003］016 号

［选育单位］山东省花生研究所

［品种来源］以 8014 为母本，250 戈瑞 $^{60}Co-\gamma$ 射线辐照海花 1 号干种子 M_1 代为父本，辐射与杂交相结合，经系谱法选育而成。

［特征特性］属疏枝型早熟大花生，株型直立，叶色灰绿，结果集中。品种属中间型，荚果普通型，果较大，网纹粗，籽仁椭圆

形，种皮粉红色，内种皮金黄色。区域试验结果：生育期130天左右，抗病性及抗旱耐涝性中等。主茎高35.6厘米，侧枝长40.0厘米，总分枝9条；单株结果13.8个，单株生产力18.8克；百果重245.9克，百仁重100.7克，千克果数573个，千克仁数1 108个，出米率71.0%。统一取样（风干样品）经农业部食品监督检验测试中心（济南）测定品质，脂肪含量49.2%，蛋白质含量24.3%，油酸含量51.73%，亚油酸含量30.25%，O/L值1.71。

［产量表现］在2000—2001年山东省花生新品种大粒组区域试验中，平均亩产荚果330.1千克、籽仁235.4千克，分别比对照鲁花11增产7.6%和4.9%；2002年参加生产试验，平均亩产荚果372.2千克、籽仁268.9千克，分别比对照鲁花11增产8.8%和7.5%。

［栽培技术要点］适合在肥力中等以上，排灌方便的沙土中种植，种植密度为每亩0.9万～1.1万穴。其他管理同一般大田。

［适宜种植区域］山东省适宜作为大花生品种推广利用。

(8) 花育25

［审定编号］鲁农审2007031号

［选育单位］山东省花生研究所

［品种来源］常规品种。为鲁花14与花选1号杂交后系统选育。

［特征特性］属普通型大花生品种。荚果普通型，籽仁椭圆形，种皮粉红色。区域试验结果：生育期129天，株型紧凑，疏枝型，抗倒伏性一般，主茎高46.5厘米，侧枝长49厘米，总分枝9条；单株结果15个，单株生产力20克；百果重239克，百仁重98克，千克果数571个，千克仁数1 234个，出米率73.5%。种子休眠性强，抗旱性较强，耐涝性中等，中抗叶斑病。2004年取样经农业部食品监督检验测试中心（济南）品质分析（干基）：蛋白质含量25.2%，脂肪含量48.6%，水分含量6%，油酸含量41.8%，亚油酸含量38.2%，O/L值1.09。

［产量表现］在2004—2005年山东省大花生品种区域试验中，

亩产荚果 319.8 千克、籽仁 232.5 千克，分别比对照鲁花 11 增产 7.3%和 9.4%；在 2006 年生产试验中，亩产荚果 327.6 千克，籽仁 240.9 千克，分别比对照鲁花 11 增产 10.9%和 12.2%。

[栽培技术要点] 适宜密度为每亩 1 万～1.2 万穴，每穴播 2 粒。注意化控防倒伏。其他管理措施同一般大田。

[适宜种植区域] 在山东省适宜地区作为春直播或麦田套种大花生品种推广利用。

（9）临花 6 号

[审定编号] 鲁农审 2007032 号

[选育单位] 山东省临沂市农业科学院、山东省种子总公司

[品种来源] 常规品种。为花 32 与白沙 505 杂交后系统选育。

[特征特性] 属普通型大花生品种。荚果普通型，籽仁椭圆形，种皮粉红色。区域试验结果：生育期 129 天，株型紧凑，疏枝型，连续开花，较抗倒伏，主茎高 38.5 厘米，侧枝长 44.2 厘米，总分枝 10 条；单株结果 16 个，单株生产力 20.5 克；百果重 235.5 克，百仁重 94.1 克，千克果数 555 个，千克仁数 1 211 个，出米率 73.7%。种子休眠性强，抗旱性中等，耐涝性一般，中抗叶斑病。2004 年取样经农业部食品监督检验测试中心（济南）品质分析（干基）：蛋白质含量 24.9%，脂肪含量 51.3%，水分含量 5.6%，油酸含量 43.7%，亚油酸含量 36.33%，O/L 值 1.2。

[产量表现] 在 2004—2005 年山东省大花生品种区域试验中，亩产荚果 319.4 千克、籽仁 232.2 千克，分别比对照鲁花 11 增产 7.2%和 9.3%；在 2006 年生产试验中，亩产荚果 323.7 千克、籽仁 238.9 千克，分别比对照鲁花 11 增产 9.6%和 11.3%。

[栽培技术要点] 适宜密度为每亩 0.8 万～1 万穴，每穴播 2 粒。其他管理措施同一般大田。

[适宜种植区域] 在山东省适宜地区作为春直播或麦田套种大花生品种推广利用。

（10）花育 33

[审定编号] 鲁农审 2010027 号

［选育单位］山东省花生研究所

［品种来源］常规品种，系 8606－26－1 与 9120－5 杂交后系统选育。

［特征特性］属普通型大花生品种。荚果普通型，网纹较深，果腰浅，籽仁长椭圆形，种皮粉红色，内种皮橘黄色。区域试验结果：春播生育期 128 天，主茎高 47 厘米，侧枝长 50 厘米，总分枝 8 条；单株结果 16 个，单株生产力 20.4 克，百果重 227.3 克，百仁重 95.9 克，千克果数 544 个，千克仁数 1 166 个，出米率 70.1%；抗病性中等。2007 年经农业部食品质量监督检验测试中心（济南）品质分析：蛋白质含量 19.1%，脂肪含量 47.3%，油酸含量 50.2%，亚油酸含量 29.2%，O/L 值 1.7。2007 年经山东省花生研究所抗病性鉴定：网斑病病情指数 52.6，褐斑病病情指数 16.4。

［产量表现］在 2007—2008 年山东省花生品种大粒组区域试验中，两年平均亩产荚果 345.6 千克、籽仁 242.0 千克，分别比对照丰花 1 号增产 8.8%和 9.5%；2009 年生产试验平均亩产荚果 370.5 千克、籽仁 260.8 千克，分别比对照丰花 1 号增产 10.9%和 10.2%。

［栽培技术要点］适宜密度为每亩 1 万～1.1 万穴，每穴播 2 粒。其他管理措施同一般大田。

［适宜种植区域］在山东省适宜地区作为春播大花生品种种植利用。

(11) 青花 7 号

［审定编号］鲁农审 2010026 号

［选育单位］青岛农业大学

［品种来源］常规品种，系花 32 与白沙 505 杂交后系统选育。

［特征特性］属普通型大花生品种。荚果普通型，网纹清晰，果腰较浅，籽仁椭圆形，种皮粉红色，内种皮白色。区域试验结果：春播生育期 125 天，主茎高 41 厘米，侧枝长 45 厘米，总分枝 9 条；单株结果 15 个，单株生产力 20.6 克，百果重 210.4 克，百

仁重 90.4 克，千克果数 573 个，千克仁数 1 284 个，出米率 71.5%；抗病性中等。2007 年经农业部食品质量监督检验测试中心（济南）品质分析：蛋白质含量 20.4%，脂肪含量 46.8%，油酸含量 41.2%，亚油酸含量 35.0%，O/L 值 1.2。2007 年经山东省花生研究所抗病性鉴定：网斑病病情指数 60.8，褐斑病病情指数 9.3。

[产量表现] 在 2007—2008 年山东省花生品种大粒组区域试验中，两年平均亩产荚果 333.0 千克、籽仁 238.5 千克，分别比对照丰花 1 号增产 4.6% 和 7.8%；2009 年生产试验平均亩产荚果 369.9 千克、籽仁 269.8 千克，分别比对照丰花 1 号增产 10.8% 和 14.0%。

[栽培技术要点] 适宜密度为每亩 0.9 万～1.1 万穴，每穴播 2 粒；生长中后期注意防止植株徒长。其他管理措施同一般大田。

[适宜种植区域] 在山东省适宜地区作为春播大花生品种种植利用。

(12) 山花 11

[审定编号] 鲁农审 2010025 号

[选育单位] 山东农业大学

[品种来源] 常规品种，系（莱宾大豆×7709－2）F_1 种子经 $^{60}Co-\gamma$射线 5.16 库仑/千克辐射后系统选育。

[特征特性] 属中间型大花生品种。荚果普通型，网纹清晰，果腰较浅，籽仁长椭圆形，种皮粉红色，内种皮白色。区域试验结果：春播生育期 127 天，主茎高 48 厘米，侧枝长 52 厘米，总分枝 9 条；单株结果 14 个，单株生产力 19.2 克，百果重 209.5 克，百仁重 87.9 克，千克果数 607 个，千克仁数 1 252 个，出米率 71.3%；抗病性中等。2007 年经农业部食品质量监督检验测试中心（济南）品质分析：蛋白质含量 22.3%，脂肪含量 47.3%，油酸含量 40.2%，亚油酸含量 37.1%，O/L 值 1.1。2007 年经山东省花生研究所抗病性鉴定：网斑病病情指数 60.8，褐斑病病情指数 15.2。

［产量表现］在2007—2008年山东省花生品种大粒组区域试验中，两年平均亩产荚果337.0千克、籽仁240.3千克，分别比对照丰花1号增产6.1%和8.7%；2009年生产试验平均亩产荚果379.8千克、籽仁274.4千克，分别比对照丰花1号增产13.7%和15.9%。

［栽培技术要点］适宜密度为每亩0.8万～1万穴，每穴播2粒；重施有机肥和磷肥，高肥水地块注意防倒伏。其他管理措施同一般大田。

［适宜种植区域］在山东省适宜地区作为春播大花生品种种植利用。

（13）花育36

［审定编号］鲁农审2011021号

［选育单位］山东省花生研究所

［品种来源］常规品种，系花选1号与95-3杂交后系统选育。

［特征特性］属中间型大花生。荚果普通型，网纹深，果腰浅，籽仁近椭圆形，种皮粉红色，有裂纹，内种皮白色，连续开花。区域试验结果：春播生育期127天，主茎高46.2厘米，侧枝长49.7厘米，总分枝9条；单株结果14个，单株生产力20.7克，百果重252.7克，百仁重107.8克，千克果数508个，千克仁数1 077个，出米率70.9%。2008年经农业部食品质量监督检验测试中心（济南）品质分析：蛋白质含量22.8%，脂肪含量44.3%，油酸含量39.1%，亚油酸含量39.5%，O/L值1.07。2008年经山东省花生研究所田间抗病性调查：高感叶斑病。

［产量表现］在2008—2009年山东省花生品种大粒组区域试验中，两年平均亩产荚果361.8千克、籽仁257.2千克，分别比对照丰花1号增产8.1%和10.0%；2010年生产试验平均亩产荚果315.2千克、籽仁220.7千克，分别比对照丰花1号增产8.5%和9.0%。

［栽培技术要点］适宜密度为每亩0.9万～1万穴，每穴播2粒；其他管理措施同一般大田。

［适宜种植区域］在山东省适宜地区作为春播大花生品种种植利用。

(14) 花育912

［审定编号］鲁农审2014024号

［选育单位］山东省花生研究所

［品种来源］常规品种，系濮花20与日本香香杂交后系统选育。

［特征特性］属中间型大花生。荚果普通型，网纹清晰，果腰粗浅，籽仁椭圆形，种皮粉红色，内种皮金黄色，连续开花。区域试验结果：春播生育期131天，主茎高43.4厘米，侧枝长47.6厘米，总分枝9条；单株结果17个，单株生产力25.1克，百果重249.5克，百仁重100.1克，千克果数549个，出米率71.1%。2012年经农业部油料及制品质量监督检验测试中心品质分析：蛋白质含量22.5%，脂肪含量53.22%，油酸含量48.2%，亚油酸含量31.2%，O/L值1.5。2013年经山东省花生研究所田间抗病性调查：抗网斑病。

［产量表现］在2011年山东省大花生品种区域试验中，平均亩产荚果327.3千克、籽仁229.6千克，分别比对照丰花1号增产12.1%和13.2%；在2012年全省大花生品种区域试验中，平均亩产荚果391.9千克、籽仁284.9千克，分别比对照花育25增产6.3%和5.4%。2013年生产试验平均亩产荚果333.1千克、籽仁238.4千克，分别比对照花育25增产7.8%和6.0%。

［栽培技术要点］适宜密度为每亩0.9万～1万穴，每穴播2粒。其他管理措施同一般大田。

［适宜种植区域］在山东省适宜地区作为春播大花生品种种植利用。

2. 小花生品种

(1) 山花8号

［审定编号］鲁农审2007033号

[选育单位] 山东农业大学农学院

[品种来源] 常规品种。系（白沙 1016×NC6）F_1 经 168 戈瑞$^{60}Co-\gamma$ 射线辐照处理选育。

[特征特性] 属珍珠豆型小花生品种。荚果蚕茧型，籽仁椭圆形，种皮粉红色，内种皮淡黄色。区域试验结果：生育期 125 天，株型紧凑，疏枝型，连续开花，抗倒伏性较强，主茎高 42.7 厘米，侧枝长 46.5 厘米，总分枝 7 条；单株结果 15 个，单株生产力 17 克，百果重 178 克，百仁重 73 克，千克果数 904 个，千克仁数 1 718个，出米率 73.7%。种子休眠性中等，抗旱性和耐涝性中等，中抗叶斑病。2004 年取样经农业部食品监督检验测试中心（济南）品质分析（干基）：蛋白质含量 28.5%，脂肪含量 47.9%，水分含量 5.7%，油酸含量 44%，亚油酸含量 37%，O/L 值 1.18。

[产量表现] 在 2004—2005 年山东省小花生品种区域试验中，亩产荚果 289.9 千克、籽仁 210.7 千克，分别比对照鲁花 12 增产 14.1%和 13.7%；在 2006 年生产试验中，亩产荚果 280.6 千克、籽仁 207.2 千克，分别比对照鲁花 12 增产 12.2%和 12.7%。

[栽培技术要点] 适宜密度为每亩 1 万～1.1 万穴，每穴播 2 粒。其他管理措施同一般大田。

[适宜种植区域] 在山东省适宜地区作为春直播或麦田套种小花生品种推广利用。

(2) 潍花 9 号

[审定编号] 鲁农审 2008034 号

[选育单位] 潍坊市农业科学院

[品种来源] 常规品种。系鲁花 13 与潍 1561 杂交后系统选育。

[特征特性] 荚果蚕茧形，籽仁桃形，种皮粉红色。区域试验结果：春播生育期 120 天，株型直立，连续开花，主茎高 34.3 厘米，侧枝长 37.9 厘米，总分枝 6.3 条；百果重 184.2 克，百仁重 76.6 克，千克果数 750 个，千克仁数 1 718 个，出米率 75%。抗旱及耐涝性中等。2008 年经农业部食品质量监督检验测试中心（济南）品质分析：蛋白质含量 24.0%，脂肪含量 47.9%，油酸含

量41.4%，亚油酸含量36.8%，O/L值1.13。2007年经山东省花生研究所抗病性鉴定：网斑病病情指数50.3，褐斑病病情指数19.4。

［产量表现］在2003—2004年国家（北方区）花生品种区域试验中，两年平均亩产荚果243.8千克、籽仁178.4千克，分别比对照鲁花12增产16.0%和17.2%；在2007年全省花生品种小粒组生产试验中，平均亩产荚果273.0千克、籽仁196.5千克，分别比对照鲁花12增产19.7%和19.9%。

［栽培技术要点］春播种植密度为每亩1.1万穴，宜重施有机肥和花生专用肥。

［适宜种植区域］在山东省适宜地区作为春播小花生品种推广利用。

（3）花育32

［审定编号］鲁农审2009040号

［选育单位］山东省花生研究所

［品种来源］常规品种。S17与SP1098杂交后系统选育。S17系引自印度抗蚜植株，SP1098系79266辐射突变体。

［特征特性］荚果普通型。区域试验结果：春播生育期120天，主茎高36.0厘米，侧枝长39.4厘米，总分枝8条；单株结果12个，单株生产力21克；百果重173.0克，百仁重67克，千克果数775个，千克仁数1 602个，出米率71.3%。抗旱及耐涝性中等。2007年经农业部食品质量监督检验测试中心（济南）品质分析：蛋白质含量26.3%，脂肪含量50.7%，水分含量3.9%，油酸含量77.8%，亚油酸含量6.3%，O/L值12.3。经山东省花生研究所抗病性鉴定：网斑病病情指数36.7，褐斑病病情指数26.4。

［产量表现］在2006—2007年山东省花生品种小粒组区域试验中，两年平均亩产荚果273.9千克、籽仁196.5千克，分别比对照鲁花12增产4.5%和4.0%；2008年生产试验平均亩产荚果286.1千克、籽仁211.41千克，分别比对照花育20增产11.3%和10.9%。

［栽培技术要点］适合沙质土壤或壤土中种植。适宜密度为每

亩1万～1.1万穴，每穴播2粒。生育期间注意防治病虫草害，注意排灌。成熟时及时收晒。其他管理措施同一般大田。

［适宜种植区域］在山东省适宜地区作为春播小花生品种推广利用。

(4) 山花10号

［审定编号］鲁农审2009041号

［选育单位］山东农业大学农学院

［品种来源］常规品种。系（如皋西洋生/白沙1016）F_1种子经$^{60}Co-\gamma$射线5.16库仑/千克辐射后系统选育。

［特征特性］荚果蚕茧型，网纹粗浅，果腰中粗，籽仁圆形，种皮粉红色，有光泽，内种皮淡黄色，无油斑，无裂纹。区域试验结果：春播生育期115天，主茎高37.0厘米，侧枝长40.8厘米，总分枝9条；单株结果14个，单株生产力21克；百果重150克，百仁重61克，千克果数859个，千克仁数1 809个，出米率71.7%。2007年经农业部食品质量监督检验测试中心（济南）品质分析：蛋白质含量26.2%，脂肪含量51.1%，水分含量4.9%，油酸含量41.4%，亚油酸含量38.8%，O/L值1.07。经山东省花生研究所抗病性鉴定：网斑病病情指数50.4，褐斑病病情指数4.7。

［产量表现］在2006—2007山东省花生品种小粒组区域试验中，两年平均亩产荚果298.0千克、籽仁216.0千克，分别比对照鲁花12增产13.7%和14.3%；2008年生产试验平均亩产荚果286.1千克、籽仁211.4千克，分别比对照花育20增产11.3%和10.9%。

［栽培技术要点］适合在沙质土壤或壤土中种植。适宜密度为每亩1万～1.1万穴，每穴播2粒。施足氮肥，宜重施有机肥和磷肥，盛花至结荚期注意防旱灌溉。成熟时及时收晒。其他管理措施同一般大田。

［适宜种植区域］在山东省适宜地区作为春播小花生品种推广利用。

(5) 潍花 14

[审定编号] 鲁农审 2014025 号

[选育单位] 山东省潍坊市农业科学院

[品种来源] 常规品种，系 H24－6 与花育 23 杂交后系统选育。

[特征特性] 属中间型小花生。荚果普通型，网纹清晰，果腰中浅，籽仁椭圆形，种皮粉红色，内种皮橘黄色，连续开花。区域试验结果：春播生育期 128 天，主茎高 45.0 厘米，侧枝长 50.1 厘米，总分枝 9 条；单株结果 18 个，单株生产力 18.6 克；百果重 154.9 克，百仁重 65.5 克，千克果数 804 个，出米率 76.4%。2012 年经农业部油料及制品质量监督检验测试中心品质分析：蛋白质含量 24.02%，脂肪含量 53.01%，油酸含量 50.6%，亚油酸含量 29.5%，O/L 值 1.7。2013 年经山东省花生研究所田间抗病性调查：高感网斑病。

[产量表现] 在 2011—2012 年山东省小花生品种区域试验中，两年平均亩产荚果 319.7 千克、籽仁 245.1 千克，分别比对照花育 20 增产 4.8%和 6.9%；2013 年生产试验平均亩产荚果 315.5 千克、籽仁 243.8 千克，分别比对照花育 20 增产 8.1%和 7.9%。

[栽培技术要点] 适宜密度为每亩 1 万～1.1 万穴，每穴播 2 粒。其他管理措施同一般大田。

[适宜种植区域] 在山东省适宜地区作为春播小花生品种种植利用。

四、花生丰产栽培共性常规技术

（一）花生种植制度

栽培制度是各花生产区广大农民及科技工作者根据当地的自然条件、生产条件、人民生活及市场需求，通过多年的生产实践形成的，且随着生产条件和市场需求的改变而有所发展和变化。合理的栽培制度既可以充分利用光、热、土地资源，提高单位面积的总产量和总效益，又可培养地力，保护生态环境，使花生及其他作物生产持续发展。目前我国花生的栽培制度主要为两年三熟和一年两熟制，并通过轮作、间作和套作等方式实施。各种栽培制度中均有若干不同的方式，各种方式均有其独自的特点，对我国的花生生产均发挥了一定的作用。

1. 花生与其他作物间作的原则

（1）选择适宜的作物和品种　在作物种类的搭配上要注意通风透光和肥水需要两个方面。按照“一高一矮，一肥一瘦，一圆一尖，一深一浅，一长一短，一早一晚”的原则进行搭配。“一高一矮”“一肥一瘦”是指作物株型，即高秆和矮秆搭配，植株繁茂和株型收敛搭配；“一圆一尖”是指叶片形状，圆叶一般为豆科作物，尖叶为禾本科作物；“一深一浅”是指深根和浅根作物；“一长一短”和“一早一晚”是指生长期的长短和发育早晚。在品种选择上，花生与高秆作物间作时，花生要选择耐阴性强、适当早熟的品种，高秆作物要选择株型不太高大，收敛紧凑且抗倒伏的品种。

（2）确定合理的种植方式和密度　合理的种植方式是使复合群体充分利用自然资源，解决花生与其间作作物间一系列矛盾的关键。种植方式恰当才能既增加群体密度，又有较好的通风透光条件。有了合理的种植方式，还必须有合理的密度，一般应根据间作方式，尽量加大花生密度。

玉米花生间作无人机病虫防控

果园花生间作

2. 花生的轮作方式

（1）春花生—冬小麦—夏玉米（或夏甘薯等其他夏播作物） 目前该方式已是黄河流域、山东丘陵、华北平原等温暖地带花生产区的主要轮作方式。春花生种植于冬闲地，可以适时早播，覆膜栽培，产量高而稳定。冬小麦在春花生收获后播种，为获得小麦高产，花生应选用早、中熟高产品种，以保证适时收获，适时播种小麦，使小麦成为早茬或中茬。

（2）冬小麦—花生—春玉米（或春甘薯、春高粱等） 在黄淮平原等气温较高、无霜期较长的地区多采用这种方式，该方式能充分利用光、热等自然条件，使粮食和花生均能获得较高产量。

（3）冬小麦—夏花生—冬小麦—夏玉米（或夏甘薯等其他夏播作物） 该方式已成为气温较高、无霜期较长地区的主要轮作方式，只要栽培技术得当，可以获得粮食、花生双丰收。

3. 轮作应注意的问题

（1）茬口特性 茬口是花生轮作换茬的基本依据。茬口特性是指栽培某一作物后的土壤生产性能，是作物生物学特性及其栽培措施对土壤共同作用的结果。合理轮作是运用作物—土壤—作物之间的相互关系，根据不同作物的茬口特性，组成适合的轮作，做到作物间彼此取长补短，以利于每种作物增产，持续稳产高产。花生是豆科作物，与禾本科作物、十字花科作物换茬效果较好，与豆科作物轮作效果较差。

(2) 作物组成及轮作顺序 在安排轮作时，首先要考虑参加轮作的各种作物的生态适应性，要适应当地的自然条件和轮作地段的地形、土壤、水利和肥力条件，并能充分利用当地的光、热、水等资源，选好作物组成后，就要考虑各种作物的主次地位及所占的比例。一般应把当地主栽作物放在最好的茬口上，花生主产区应将花生安排在最好的茬口上。要做到感病作物和抗病作物，养地作物和耗地作物搭配合理，前作要为后作创造良好的生态环境。在土壤pH较低的酸性土壤和新开垦土壤上一般先安排花生种植。故花生有“先锋作物”之称。

(3) 轮作周期 花生是连作障碍比较严重的作物，轮作周期过短，如小麦—花生一年两熟轮作周期和甘薯—花生两年两熟的轮作周期，花生均表现一定的连作障碍，很难创高产，所以，在花生主产区应尽量创造条件，延长花生的轮作周期，最好实行3年以上的轮作。如轮作周期较短，应通过选配早熟品种，采取地膜覆盖栽培、育苗移栽、套种等措施，安排好茬口衔接，增加周期内其他作物的种类数，以发挥作物的茬口特性，改良土壤的生态环境，解除花生的连作障碍，提高花生的产量和品质，如北方大花生产区，花生与小麦等禾本科作物轮作，应尽量减少小麦—花生—小麦—花生的轮作方式，增加小麦—花生—小麦—夏玉米的轮作方式。

4. 花生的间作

间作是在同一地块上，同时或间隔不长时间，按一定的行比种植花生和其他作物，以充分利用地力、光能和空间，获得多种产品或增加单位面积总产量和总收益的种植方法。

花生与玉米间作，基本分为以花生为主和以玉米为主两种类型。在丘陵旱地，多以花生为主，间作玉米，间作方式一般为8～12行花生间作2行玉米，种植花生株数接近单作花生，间作玉米为800～1 000株/亩。在平原沙壤土，则多以玉米为主，间作花生，间作方式一般为2～4行玉米间作2～4行花生，种植玉米株数接近单作玉米，间作花生为2 000～4 000穴/亩。不同间作比例玉米、花生的产量均随其实际所占面积的大小呈明显的梯度差，花生产量随间作玉米密度的减少而提高，玉米的产量则随间作花生株数的减少而提高。在花生主产区，丘陵旱地，花生一般不适合间作玉米，若为增加玉米产量，不得不间作，则应尽量增加花生所占比例，最低采用2∶12的间作方式。

玉米花生间作机械播种

5. 花生的连作

花生连作、植株发育不良、产量降低是花生产区众所周知的事实，但由于花生具有抗旱耐瘠的特性，在老花生产区的丘陵旱薄地，种其他作物收入极低，种花生尚能获得一定收入，不得不连作；还有不少农户，从农业经营方面出发，种植花生的经济效益较种植粮食作物显著高，花生面积扩大，必然出现连作；花生集中产区为了本地区花生生产产业化，提倡和鼓励大面积栽培花生，花生种植面积超过耕地面积的50%以上，势必导致连作。基于以上种种原因，目前我国花生连作面积，有逐年增加的趋势，如不研究解决，必将影响我国花生生产的可持续发展。

（二）整地

在花生生产中，土壤条件的优劣对花生产量高低和品质好坏影响很大。在气候条件差异不大的情况下，即使种植同一品种，采取基本相同的栽培措施，但仅由于地块间的土壤基础肥力不同，土壤质地不同，其产量和品质性状就会产生很大的差异。采取有效的整地改土措施，创造良好的土壤条件，对提高花生品质、产量有着重要的意义。

1. 适宜优质花生生育的土壤条件

花生具有地下结果的特点，有根瘤菌共生，所以对土壤的通气性、疏松性要求较高。在通气排水良好的疏松土壤上，果针容易入土，荚果饱满，烂果少，品质好，对根系发育和根瘤菌的活动有利，而且收刨容易，损失少，所以在生产上一般都将花生安排在沙土或沙壤土上种植。由于花生是耐旱性、耐瘠性较强的作物，在瘠薄的丘陵山地、河滩沙地等地块上种植，均能获得一定的收成。但这并不是说花生对土壤条件的要求不严格，因为在这类土壤上种植，花生只能维持较低的产量水平，很难优质高产稳产。因此，要获得花生优质高产稳产，首先必须创造一个良好的土壤环境。根据花生根系伸展、根瘤菌固氮、荚果发育所需的条件来看，花生优质丰产适宜的土壤条件应当是活土层深厚、耕作层松暄、土质肥沃、没受污染、多年没种花生和排水良好的壤土或沙壤土。这样的土壤，既有较好的通透性，又有蓄水保肥能力，能满足优质花生在各个生育时期对水、温、光、气和营养物质的需要。

活土层深厚是优质花生丰产土壤的首要条件。因为花生是深根作物，其根系的伸展和分布是需要一定深度和范围的。在土层深厚的地块上，主根可以深扎 2 米以上，其侧根主要分布在 0～30 厘米的土层范围内，并且根系能得到充分的伸展，根量加大，扩大了对土壤养分和水分的吸收范围，满足花生生长发育的需要，使植株生长健壮，提高花生的质量和产量。因此，适宜花生生育的土层厚度耕作层应在 30 厘米左右，全土层应在 50 厘米以上。

耕作层松暄是优质花生丰产土壤的第二个条件。这样可有利于种子萌发、根系生长和根瘤菌活动，满足花生荚果发育对土壤空气的要求。生产实践和科学试验证明，在土质黏重、排水不良的地块上，土壤的通透性较差，不能满足荚果发育所需的水、肥、气、热等条件。花生荚果发育缓慢，果小果秕，也难以获得优质高产稳产。

花生优质丰产还必须要有一个物理性状良好的土壤条件。耕作层泥沙比例以 6∶4 的沙质壤土为宜，容重 1.5 克/厘米^3 左右，总孔隙度 40%以上，毛管孔隙度上层小下层大，非毛管孔隙度上层大下层小，干时不板，湿时不黏，质地疏松，通气透水，耕性良好。这种土壤地温高、昼夜温差大，田间持水量适中，播种后有利于出苗，花芽分化早，果针入土容易，荚果饱满。据观察，这种土壤 0～50 厘米地温比黏性耕作层 5 月上旬有效积温增加 20.8℃，前期有效花增加 6%，饱果率提高 10.2%。

耕作层以下的心土层，比耕作层紧实，厚度一般为 20～30 厘米，能起到保肥保水作用。此层受大气影响较弱，温、湿度变化小，通气性差，微生物活动不如耕作层活跃，物质转化和移动都比较缓慢。但在花生田的整个土体构造中，其对土壤肥力和花生生长有很大影响，必须给予足够重视。

土壤肥沃是花生优质丰产的必要条件之一。花生是需肥较多的作物，要获得优质丰产，必须供给充足的养分。其来源除人工施肥补充外，还要有一个肥沃的土壤条件。耕作层有机质含量应在 10 克/千克以上，全氮含量 0.5 克/千克以上，有效磷含量 25 毫克/千克以上，速效钾含量 30 毫克/千克以上。

花生适合中性偏酸的土壤，pH 以 6.0～6.5 为好。另外，不重茬、土体无污染也是花生优质丰产的重要条件。

目前仍有许多花生种在丘陵沙砾土和沿海沙土上。这些土壤的共同特点是土层浅薄、质地差、结构不良、自然肥力低。因此，只有根据这些土壤的特点，采取相应的综合改良措施，才能创造适合花生优质高产稳产的土壤条件。

2. 深耕改土

(1) 深耕改土的作用效果 一是改善了土壤结构，提高了蓄水保肥能力。土壤经深耕深翻后，使活土层加厚，容重减少，孔隙度增大。据山东省花生研究所测定，深耕 33 厘米的土壤容重为 1.44 克/厘米^3，总孔隙度为 46.51%，比浅耕 23 厘米的土壤容重低 0.2 克/厘米^3，总孔隙度增加 8.49%。由于深耕加厚了活土层，增加了孔隙度，从而扩大了土壤的贮水范围，增强了土壤的渗水速度和蓄水保肥能力。据烟台市农业科学院在砾质沙壤土测定，深耕的渗水速度为 417.9 毫米/分钟，比未深耕的 31.27 毫米/分钟增加了 12 倍；活土层在 30 厘米以内，每增加 10 厘米，可增加蓄水量 13.9～14.3 米^3。减少了地面径流，增加了土壤蓄水能力。二是有利于土壤微生物活动。由于深耕土壤结构得到改善，为土壤微生物创造了良好的生活环境，促进了微生物的活动和发育。深耕 50 厘米的 0～20 厘米和 20～40 厘米土层内总菌数分别为 588 亿个/克土和 643.7 亿个/克土，比浅耕 20 厘米的分别增加 3.3%和 82.2%。另外，深耕能明显促进花生根瘤菌活动，随着耕翻深度的增加，花生根瘤着生的深度范围和数目都有扩大和增多的趋势，根瘤菌的固氮作用也增强。三是有利于花生根系的生长发育。花生根系在一定范围内随着耕作层的加深而扩大伸展范围，活土层越深厚总根量越多。据栖霞市农业局调查，深耕 30 厘米的花生地，在 30 厘米土层内总根量 128 条，比浅耕 15 厘米的增多 41 条，其中 0～10 厘米的土层内增加 1 条，10～20 厘米的土层内增加 14 条，20～30 厘米土层内增加 26 条。另据山东省济南市农业学校在沙壤土上的试验，按根系分布情况来看，深耕的花生根群主要分布在 0～30 厘米土层内，浅耕的花生根群主要分布在0～20厘米的土层内，耕翻深度超过30厘米以上时，花生的根群分布情况差异不明显。由于根量增加，提高了花生吸收水分和养分的能力，抗旱耐涝，植株生长健壮，为优质丰产打下了基础。四是增加了土壤有效养分。土壤中有许多不溶性和沉积在深层的不易被花生吸收利用的养分，经深耕后，可通过物理、化学、生物等作用释放出来，转化为有效养分，供花生吸收利用。此外，深耕深刨还有利于清除多年生杂草，并能将一部分越冬的地下害虫，如蛴螬、金针虫等翻出地表面，经过冷冻冻死或被鸟雀啄食而减轻危害。

(2) 深耕改土的技术要求 一是熟土在上，不乱土层。深耕、深刨，要尽量避免打乱土层，因为原耕作层的土壤，经过长期的耕作、施肥和栽培，已经完全熟化，具有较高的肥力和良好的结构。而耕作层以下的生土，物理性状较差，土壤肥力低，一般有机质和全氮含量仅为耕作层熟土的50%左右，而且土层越深有效养分越少。如果深层土翻上过多，就会使表层土壤结构变坏，肥力下降，影响花生出苗和幼苗生长，造成减产。但为了加深耕作层，冬前耕刨时可少翻上一部分生土，以便使之在冬春经过充分风化，加速熟化程度。二是深耕时间宜早不宜晚。要使深耕深刨达到当年见效必须在时间上狠抓一个早字，除河滩沙地外，最好在冬季和早春进行。因为土壤物理性状的改善，有机质的分解，都需要一定的时间。根据多年生产实践证明，以秋末冬初深耕最好。据烟台市农业局汇总全市九处试验结果发现，在同样深耕情况下，冬耕地比春耕地增产16.3%，对来不及冬耕的地块，春耕时间要愈早愈好，以“春分”前为宜，最迟不能晚于“清明”，以利耕后保墒和熟化土壤。三是耕刨的深度要适宜。花生地深耕的深度要根据花生的生育要求及不同土壤情况灵活掌握，一般深25厘米左右为宜，耕翻过深，原耕作层以下的生土翻压在上层的过多，就会影响花生生长，甚至造成当年减产。因此，这里所说的深耕也不是越深越好。四是深耕要与增施有机肥相结合。结合深耕增施有机肥料，不仅可直接供给花生所需要的养分，而且为土壤微生物提供了良好的繁衍条件，促进微生物活动和土壤熟化，进一步改善土壤的肥力状况，有利于花生的生长发育和品质的提高。

另外，深耕必须与耙、耢相结合。早春土壤温度逐渐升高，土壤解冻后，重力水下渗，此时如果地面板结，毛细管水就会上升到地表而大量蒸发散失，因此，冬耕后不论是否耙过地，早春都应进行顶凌耙耢。据测定，在同样情况下，耙耢的地块比不耙耢的能多保存 1/3 的土壤水分。早春耙地不仅具有切断土壤毛细管、减少水分蒸发的作用，还有疏松表层土壤、破碎坷垃、平整土地的作用。因此，早春耙耢是整地保墒的关键措施。早春耙地的时间，须根据当地的气候条件来决定，一般以在夜冻昼消时进行为好。因为此时温度低，土壤蒸发量小，有利于保墒。

3. 整修梯田

在丘陵坡地，水土流失是土薄地瘠、不抗旱、不耐涝的一个重要根源。烟台市广大农民在生产实践中，结合深耕整地，总结出一套整修梯田的经验，并收到良好效果。其具体做法：一是先将地堰用土打实，并使地堰边略高于地面，这样，大雨时可使水向里流，不致冲坏地埂。二是耕翻时由外向里，一沟倒一沟，或一犁跟一犁进行套耕。三是尽可能做到不乱土层，生土在下熟土在上，以免当年减产。四是地面要平整，并形成“外噘嘴，里流水”外高里低的地平面。五是挖好堰下沟，防止“半边涝”。“半边涝”对花生品质和产量影响很大，特别是靠里堰的 1～3 行花生，受涝害最重，易烂果，一般减产 20％～30％，严重时达 50％以上。防止“半边涝”的有效措施就是挖好堰下沟，即“舍上一条线，保全一大片”。堰下沟宽一般 30～50 厘米，深 30 厘米以上，以防止山上的客水和渗水进地。在地块大、排水不畅的梯田，还要根据地势和排水情况，加挖“拦腰沟”，并使这些沟与田外排水沟相通，即称“三沟配套”。

4. 压沙（泥）换土

过沙、过黏的地都不能满足花生优质丰产的要求。要获得花生优质丰产，必须进行土壤改良。黏性地往往肥力较高，但通透性差，雨后易涝烂果，干时紧硬，耕锄和收获困难。经压沙改良，可培养成花生高产田，压沙种类以含磷风化石为优，不仅来源广，数量足，沙性好，而且含磷量高，一般全磷含量为0.5%、有效磷含量为0.05%左右。压施15 000千克含磷中等的风化石，折合施有效磷7.5千克，相当于12 500千克优质圈肥的含磷量，也相当于37.5千克标准过磷酸钙。山东省花生产区的土壤普遍缺磷，压施含磷风化石后，不仅可增加土壤的磷素养分，还能改善土壤的物理性状。据山东省花生研究所在黏土上压含磷风化石试验，每亩压20米^3，花生结果层的土壤毛管孔隙度由37%下降至32%，非毛管孔隙度由9.8%增高到13.8%，土壤通气性大大改善。

黏地压沙的数量以每亩30 000～50 000千克为宜，一般可维持后效3～4年。压沙后要进行耕翻，使土沙相混，耕翻深度以10～13厘米为宜。劳动力不足或沙源困难时，可采取垅内包沙，每亩用沙5 000～7 500千克即可。

沙性较大的地块，可在冬春每亩压20 000～30 000千克河淤土或黏土，然后深耕深刨13～17厘米，使沙土混匀。沙地压土的时间最好在冬季，以使生土充分熟化，土沙相融，利于当年增产。

（三）种子准备

1. 播前晒种

花生种子经过较长时间的贮藏，容易吸收空气中的水分，增加种子的含水量。因此，在剥壳前要根据种子的水分变化情况，酌情进行晒种。晒种中使种子干燥，增加种皮的通透性，提高种子的渗透压，从而增强吸水能力，促进种子的萌动发芽，特别是对成熟度较差和贮藏期间受过潮的种子，效果更为明显。此外，晒种对病菌侵染过的种子，可起到杀菌作用。

晒种，最好在剥壳前3～4天进行，选择晴天，将花生荚果摊成厚约6厘米的薄层，从上午9时后晒至下午4时前，中间翻动2～3次，连晒2～3天，然后剥壳。花生不能晒种仁，以免种皮脱落、损伤种芽，或种子“走油”导致生活力下降，影响发芽出苗。

2. 测定发芽势和发芽率

花生种子在贮藏期间，往往因为管理不善而受到损失。因此，在剥壳前必须进行发芽试验，测定发芽势和发芽率，48小时内发芽种子占试验种子总数的百分比为发芽势，72小时内发芽的比例则为发芽率（以胚根长度3厘米及以上为准）。发芽势超过80%，发芽率达95%以上，为符合标准的优质种子。发芽率在80%～90%的可以作种，但要采取晒种、精选等办法提高发芽率或采取浸种催芽、捡芽播种等办法剔除劣种，以保证播种后出苗快而整齐。发芽率低于80%的不宜作种，应及时更换。具体测定方法：从种子仓囤的上、中、下层分别取有代表性的荚果，同一层的荚果剥壳后混合分级粒选，袋装的荚果也要在不同层次分别取样。取一级和二级种子，每50粒为一个样本，重复3～4次，进行发芽试验。先将种子在温水中浸泡2～4小时，使种子吸足水分，取出后放入干净的碗碟内，用多层洁净的湿布或毛巾盖好，在25℃左右的条件下保温，使其萌发，每天喷淋温水1～2次，保持种子湿润。从第二天起，每天检查记录发芽种子的数量，确定发芽势和发芽率，鉴别种子质量。

3. 剥壳和分级粒选

花生剥壳的早晚，对种子的生活力影响很大。剥壳过早，种子失去果壳的保护，容易吸收水分，增加呼吸作用，加快酶的活动，促进物质的转化，消耗大量养分，从而降低种子的生活力。山东花生产区，春季气温低，空气干燥，可在播前1个月内剥壳，麦套或夏直播用的种子，播前10天内剥壳为宜，剥壳后将种子与果壳混合存放，播种时再把种子分选出来。该法有利于较长时间保持种子生活力和缓解农活忙、劳动力紧张的矛盾。作种用的花生荚果手工剥壳为好，不伤种子，不宜采用机械剥壳。

成熟饱满的荚果内所含的种子大小也不一致，故剥壳后要对种子分级粒选。饱满完整，皮色鲜艳的大粒种子，含养分多，生活力强，用来作种可获明显的增产效果。因此，花生种子播前必须分级，方法是挑选粒大饱满的为一级；秕小、霉烂、破损的为三级；不能作种用，剩余的即为二级。经过分级，种子大小均匀，播种后发芽出苗整齐一致，为丰产奠定了基础。

4. 浸种催芽和浸果

（1）浸种催芽 花生种子在播种前进行浸种催芽可以筛选具有发芽力的种子播种，缩短种子出苗时间，使种子出苗快而齐，并有利于在干旱或低温情况下种子出苗。但浸种催芽并不是花生播种前必须采取的措施。贮藏条件好，活力高的种子可以直接播种。浸种催芽的具体技术有下列几种：

①温室催芽。先将种子放在35℃左右的温水中浸泡2～4小时。种子初浸入水中，出现皱纹时不要翻动，以免弄掉种皮。要使种子一次吸足水分。当检查子叶横断面尚有1/4～1/3未浸透的硬心时，捞出放在筐或篓内，上面覆盖湿草帘，置于25～30℃室温下催芽，中间喷水2～3次，保持种子湿润，一般经过24小时左右就可以出芽。

②室内薄膜覆盖催芽。在室内用土坯垒一个高1米左右的长方形槽，槽底和周围放上16厘米左右厚的麦秸草，用热水喷温，然后把浸好的种子捞到筐内放入槽中，上面覆盖塑料薄膜保温，经20～24小时就可出芽。

③沙床催芽。选背风向阳处，用砖或土坯垒起矮墙，后墙高67厘米，前墙高47厘米，前后墙相距84厘米，呈一面斜坡，长度根据需要确定，沙床两头各留一个气孔，供调节温度和流通空气之用。如果沙床过长，可以分成数格。催芽时，先用80℃以上的热水把过筛的干沙（大小如小米）加水搅拌成手握时指缝滴水的程度，再和花生种子充分拌匀，一般每50千克干沙拌10千克种子。

一次拌种的数量不宜过多，要随拌随放，厚度以20～30厘米为宜，长度不限，以便于管理为准。种子堆的上面要覆盖3厘米左右的纯湿沙，以防干燥，然后上面覆盖塑料薄膜。白天利用阳光提温，晚上覆盖草帘等保温，使内部温度经常保持在20℃左右，中午阳光强，温度过高，可在塑料薄膜上加盖草帘，减少光照或短暂揭开一角塑料薄膜，以降低床内温度。堆放14～16小时，要检查沙堆内的水分状况，如果过于干燥，可再加少量温水。一般经过20～24小时，大部分种子出芽，即可出床筛掉沙土。沙子晒干后还可以再用，一般使用2～3次后更换，以防病菌传染。一般种子都可采用沙床催芽，发芽率低的种子采用沙床催芽效果更好。

④温水浸种沙床催芽。选背风向阳处，挖一个深33厘米、宽83厘米的土坑，北边用三层，南边用一层土坯砌成矮墙。床底铺碎木屑、马粪等酿热物10厘米厚，上铺席。床做好后种子进行温水浸种，方法同温室催芽。把捞出的种子放在席上，厚度约10厘米，种子上面再铺一层布单，起到隔沙与渗透水分的作用。布单上铺6.6厘米厚的湿沙，最后用塑料薄膜盖在整个沙床上，方法同沙床催芽。一般经24小时便可出芽。出床时先取去布单，将湿沙倒在床外，即可直接取出发芽种子。这种方法既可省去筛沙工作，减少种子的磨损，又可利用温水浸种，把温水浸种与沙床催芽结合起来，具有操作简便、容易掌握等优点。

以上各种催芽方法，均须注意以下几点：一是浸种催芽前必须分级粒选、分级浸种，才能使种子吸水均匀，发芽整齐；二是催芽时间不宜过长，以刚“露白”为宜，如果芽（胚根）过长，养分消耗大，播种后出土能力减弱，幼苗不茁壮；同时，播种时还容易损伤胚根。芽尖太长，如成弯钩状，则主根易出现伤断或盘卷窝苗现象，出苗不齐又不壮。

（2）浸果　花生带壳播种可以抢墒早播，壳内种皮及荚果内壁褐色斑片处所含的丹宁溶出，形成有利于种子周围灭菌的环境。如播种种仁，在土壤温度较低，可能烂种的情况下，带壳播种有利于全苗。近年结合覆膜早播防春旱，颇受生产上重视。果播先要选用成熟饱满的大果，用冷水浸泡 60 小时，如用温水，则只需浸泡 20 小时，荚果内的种子便可吸足水分。捞出后稍加晾干果壳，将双仁果掰成单仁果。独粒果也要捏开果嘴，以利播种后种子继续由土壤吸收水分，一旦土温适宜时便能发芽出苗。带壳播种是抢墒早播延长生育期的措施。

5. 药剂拌种和包衣

（1）药剂拌种 每亩种子可用 70%噻虫嗪（锐胜）30 克（或 30%毒死蜱 500 毫升）＋适乐时 20 毫升拌种，防治蛴螬等地下害虫，并预防花生烂种及根（茎）腐病等。拌种后，要做到晾干种皮后再播种。

（2）种衣剂包衣 适用于花生的剂型主要是种衣剂 4 号，其有效成分以呋喃丹、甲拌磷等农药为主，对防治花生蚜虫有特效，有效期可持续 40～50 天；对花生根结线虫病、病毒病、苗期地上地下害虫及鼠害均有一定的防治效果。种衣剂的适宜用量，要根据实际情况确定。以 25%的种衣剂 4 号为例，病虫害较轻的地块，用量为种子量的 2.0%～2.5%；病虫害较重的地块，应增至 2.8%。播种前一天包衣，或上午包衣下午播种，以便晾干种子表面。如种子量大，可于播前 10 天包衣，过早会降低药效。带壳播种，土壤墒情好时可用干果重 2.0%的种衣剂，加入清水 15 倍搅匀，倒入种子浸泡 8 小时；如墒情差，可先用温水浸泡 8 小时，捞出后包衣，并将用量增至 2.8%。

经过种衣剂包衣的花生种子，发芽速度减慢。因此，要选用生命力强、发芽率高的种子，以免浪费种子和药剂。

种衣剂内含有警戒颜色，表明含有剧毒物质。包衣和拌种时都要戴乳胶手套，操作结束后用肥皂洗净手。洗刷包衣用具和种子容器的废水，要选择远离水源的地方深埋。种子包衣后及时晾干，务必妥善保存，严防人畜误食中毒。

（3）保水剂拌种子 农用保水剂是一种优良的保水材料，可吸收种子自身重量数百倍的水分。花生播种前用其拌种，能改善种子周围的水分状况，提高种子发芽率，有很好的抗旱、节水保苗效果。此外，它还能吸附保持氮肥，具有一定的保肥作用，适于春旱严重的花生产区和旱薄地应用，可增产10%左右。使用时可先湿润花生种子，将相当于干种子重量2%～5%的保水剂均匀撒在种子表面，然后拌匀。根据用量及保水剂的吸水率，计算并量取清水，把保水剂缓慢加入水中，不断搅拌，保水剂吸水后迅速膨胀，直到水与保水剂混合成糨糊状，再把花生种子随倒入随搅拌均匀。拌好的种子摊开晾干后，即可播种。

（4）抗旱剂拌种 目前我国推广应用的主要是抗旱剂1号（代号FA），据试验，花生用其拌种，能增强抗旱性，增产8.4%。拌种用量为种子重的0.5%，加水量为种子重的10%。先用少量温水将抗旱剂1号调成糨糊状，再加清水至定量，不断搅拌使其完全溶解，倒入花生种子拌匀，堆闷2～4小时即可播种。如果不立即播种，要将种子晾干。

（5）微量元素拌种子 用钼酸铵或钼酸钠拌种，能提高种子的发芽率和出苗率，增强固氮能力，促进植株发育和果多果饱。每公顷用钼肥90～225克，先用少量40℃温水溶解，兑清水22.5～30.0千克，配成0.3%～1.0%的溶液，用喷雾器直接喷到花生种子上，边喷边拌匀，晾干后播种。或者每公顷用钼肥225～375克，兑水187.5～225.0千克，浸泡花生种子3～5小时，捞出后晾干播种。

土壤缺硼能导致花生种仁不饱满、子叶空心等症状。据山东等省多年试验，施用硼肥的增产率约为10%。常用的速效硼肥和硼砂等，用量为每千克花生种子拌0.4克。根据种子用量称取硼肥，每公顷的用量加清水30千克，溶解后直接喷洒种子，拌匀晾干后播种。

花生种子用钼肥或硼肥拌种，要严格掌握用量，过多会导致毒害，造成减产。

总之，提高种子活力的处理方法较多，在安全贮藏的基础上，播前种子渗透调节，结合采用适宜的种衣剂包衣处理适合大面积推广应用。而在种子活力不高的情况下，应避免采用任何形式的浸种催芽处理。

（四）播种

1. 适期播种

（1）确定播种期的依据 花生属喜温作物，从种子萌发到荚果成熟都需要较高的温度。不同类型花生品种的生育期长短和所需的积温不同。生育期最短的是多粒型，为122～136天，所需积温为3 000℃左右；其次是珍珠豆型，为126～137天，所需积温为3 100℃左右；中间型的生育期为130～146天，所需积温约为3 200℃；生育期较长的类型为龙生型，所需积温为3 500℃；生育期最长的类型是普通型，为155～160天，所需积温为3 600℃左右。另一方面，花生的生殖期要求一定的高温条件，开花最适宜温度为23～28℃，最低为19℃；结荚最适宜温度为25～33℃，最低为15℃。因此，花生播种期必需根据花生的生育期、所需积温、生殖生长期所需的温度范围及农作物前后茬的农时安排来确定。在花生的有效生育期内，播种适期的确定，一是要求有利于一播全苗壮苗，二是有利于调节好花生的营养生长和生殖生长的关系，打好花生优质丰产的基础。

春花生的播种适期主要根据不同品种类型对温度、土壤含水量的要求确定。已经通过休眠期的花生种子，必须在一定的温度条件下才能发芽，不同类型品种，发芽最低温度有一定的差异。珍珠豆型和多粒型品种地温稳定在12℃以上才能发芽，普通型和龙生型品种则需要较高的温度，在15℃以上才能发芽。花生种子发芽的最适温度为25～37℃。另一方面花生种子发芽出苗需要充足的水分，土壤水分以土壤最大持水量的60%～70%为宜，低于40%时，种子容易失水而不发芽，若土壤水分太高（大于80%），则因土壤中氧气不足造成种子缺氧，发生烂种或幼苗生长不良。因此，在花生播种适期内，适当早播，可延长花生苗期，在开花之前积累较多的营养，有利于花生的开花结实，但早播必须在保证一播全苗的前提下进行，如果采用地膜覆盖，则还可比露地栽培提前一个星期左右播种。晚播种，虽然出苗快、生长迅速，但开花早，前期营养生长不够，影响花生产量，或者错过了花生开花下针结荚的有效温度范围，造成大幅度减产或绝收。

（2）花生产区的适宜播种期 花生适期播种是保证苗全苗壮，取得花生优质丰产的重要基础。花生的播种期，与当地的自然条件、栽培制度和品种特性等有密切关系。因此不能单纯根据节气的变化来确定花生的播种适期，而要根据地温变化、墒情、种植品种、土壤条件及栽培方法等全面考虑，灵活掌握。根据科学试验结果和群众的实践经验，一般 5 厘米地温连续 5 天稳定在 12℃以上时，即可播种珍珠豆型小花生；连续 5 天稳定在 15℃以上时，即可播种普通型大花生。当地温稳定在 16～18℃时，出苗快而整齐。中熟大花生在山东境内的播种采用果播覆膜，一般 3 月 25 日开始覆膜，至 4 月 5 日 5 厘米地温能达到 15℃，因此，果播覆膜时 4 月 5～10 日为播种适期。仁播覆膜时，鲁中南和鲁西南 4 月中下旬，胶东半岛、沿海地区 5 月上旬为播种适期。露地仁播时，鲁中南和鲁西南 4 月下旬，胶东半岛和其他地区 5 月上中旬为播种适期。珍珠豆型花生露地仁播时，在山东省范围内以 4 月下旬至 5 月上旬为宜。覆膜还可提早 10 天左右。

麦田套种花生，坚持因地制宜和依播种方式确定。胶东半岛重点推行大垄宽幅麦田套种花生，因小麦占地面积较小，可与春播花生同期播种；其他地区麦田套种不留套种行，一般在小麦收获前 15～20 天，结合浇小麦扬花水套种；对长势较差的麦田，可在麦收前一个月进行套种。

夏播花生，一般采取随收麦随整地播种的方法。据山东省莒南县农业技术推广中心经作站试验，覆膜栽培的中熟大花生，从 6 月 10～25 日，每晚播一天，每公顷减产荚果 62～130 千克，而露地栽培的中熟大花生在同期内每晚播一天，每公顷减产荚果 49～77 千克。因而小麦收获后力争早播，是提高夏花生产量与质量的关键措施。

2. 播种方法

花生的播种方法按照栽培方式可分为覆膜播种和露地播种。覆膜播种又可以分为先播种后覆膜和先覆膜后播种两种方式。按作业方式分，可分为机械播种和人工点种。无论哪种播种方式，均要通过开沟、排种、覆土三道工序。开沟要按照行株距的要求，开好沟，施种肥（注意尿素、碳铵不能作种肥），肥料与泥土拌匀。花生播种的具体方法有随机播种（习惯种法）、两粒并放、插芽播种（胚根向下）三种方法。插芽播种要特别注意不能倒置。因花生种子两片子叶肥大，如在土中的放置方向不当，对种子的顺利出苗影响很大。子叶朝上，胚根朝下最易出苗；反之，子叶在下，胚根朝上，则整个种子颠倒了，与种子出苗生长的方向相反，则种子的主根需要弯曲向下生长，子叶往往很难弯曲向上生长，即使能掉转过来，也非常慢，因此颠倒的种子不容易出苗，长出的幼苗也较细弱。

花生机械播种

3. 播种粒数

包括每穴播种粒数和单位面积播种粒数。每穴播种粒数因土壤肥力、种植习惯、生产需要而异。一般瘠薄地适合单粒密植，肥沃地适合双粒减穴。北方花生产区多习惯一穴双粒。繁殖良种则应单粒播种。

每穴播种1粒或2粒，只要单位面积株数合理，均可获得优质丰产，据试验，每穴播种2粒，较播种3粒增产16.7%，省种增产。每穴播种1粒，单位面积播种总粒数原则上应与2粒相同，则穴数加倍。如减粒同时减穴，则要通过试验确定，否则因单位面积密度减少，会造成减产。单位面积播种粒数则因品种、土壤肥力而异，一般中间型和普通型直立品种，在中等肥力土壤种植，每公顷13.5万～15万穴，每穴2粒。珍珠豆型品种每公顷14.25万～16.5万穴，每穴2粒。

4. 播种深度

花生播种深度影响种子的出苗质量和幼苗的齐壮程度。其适宜播种深度应根据土质、当时的气候、土壤含水量及栽培技术方式确定。花生种子较大，并且主要依靠种子下胚轴的伸长把子叶送到土表层，出苗顶土较困难，如果播种过深，种子出苗消耗较多的营养，出苗慢，而且长出的幼苗较弱，严重的出不了苗。因此花生播种宜浅不宜深，露地栽培一般5厘米左右为宜，播种较早，地温较低，或土壤湿度大，土质紧，可适当浅播，但最浅不能浅于3厘米；反之，可适当加深，但最深不能超过7厘米，过浅，种子在晴天和空气干燥的天气容易失水落干，不能保全苗。地膜覆盖栽培因有地膜保护，播层温湿度适宜，应适当浅播，一般以3厘米左右为宜。

5. 播后镇压

花生无论深播还是浅播，无论覆膜栽培还是露地栽培，播种后均要根据土壤水分状况，抓住有利时机，进行行（穴）镇压。以确保种子与土壤紧密接触，使种子能顺利地从土壤中吸收水分，避免播种后土壤松暄，水分很快蒸发散失，致使种子落干。

镇压时间应根据土壤墒情、土质、栽培方式而定。露地栽培，土壤水分含量低、沙性大的土壤，播后应立即镇压；土壤水分较多，土质黏紧，播后不能立即镇压，应待水分适当散失，地表有一层干土时，掌握适宜时机镇压，以免因镇压造成地表板结，不利于保墒，影响出苗。覆膜栽培，先播种后覆膜应在覆膜前镇压，先覆膜后播种，应随覆土镇压。

镇压方法因种植方式、栽培方式、土壤墒情不同而异。露地栽培平作，如用犁开沟播种，墒情很好的情况下，点种后用耢耱平既可；墒情一般时，点种后随覆土踩一下即可；墒情稍差时，点种覆土后应加力镇压，如石磙镇压，顺播种沟踏踩镇压，然后用耢耱平。垄作种植，可视土壤质地和湿度，于播种后当天下午或隔1～2天，用锄板或刮板镇压，或人工踩踏镇压。地膜覆盖栽培，先播种后覆膜，多采取人工顺播种沟踩踏镇压，然后用铁耙耙平垄面覆膜。先覆膜后播种则随播穴覆土用手镇压。

6. 带壳播种技术

带壳播主要应掌握以下几条技术：

(1) 严格挑选荚果 对用来作种的花生荚果进行仔细挑选，选择果形一致、大小均匀、成熟度好、色泽正常的两粒荚果，为达到一播全苗、齐苗和壮苗打好基础。

(2) 晒果 在晴天把选好的花生果晾晒2～3天，提高种子的渗透压，杀灭荚果表面的病原微生物。

(3) 播前浸种 提前3～5天浸种。实践表明：浸种的水温越高，种子吸水越快，种子内膜系统修复慢，种子内容物外渗越多，不利于种子活力的提高。所以浸种水温宜低，浸种时间宜长。具体要求凉水浸种60小时以上。

(4) 适时早播种 由于果播具有抗御低温冷害等不良环境条件的能力，为了延长生育期，露地栽培果播播种期较仁播可提早3～5天。果播覆膜播种则可比常规露地仁播提前1个月左右。

(5) 播深与镇压 果播覆土适合厚度为7～9厘米，以增加覆土压力。在花生种拱土时，进行镇压，以弥合土壤裂缝，形成黑暗条件，促使下胚轴继续伸长，达到顺利出苗，并使土壤压力增大，让果壳留在土中。出苗前镇压宜在午后进行。出苗后田间管理同常规。

（五）水分管理

1. 花生的灌溉与排水

春季干旱对花生播种造成一定影响，在花生开花下针期常遇干旱，影响花生的开花下针和荚果发育。花生生长中、后期，降雨次数多，雨量大，排泄不畅，土壤湿度过大，易造成花生田积水，地上部旺长，地下发育不良，常发生烂果，严重影响花生的产量和品质。因此，要积极创造条件，遇旱灌溉，遇涝排涝，使花生各生育阶段都能得到适宜的水分，保证花生产量和品质双提高。

花生喷灌

2. 花生生长发育对水分的需求特点

花生每生产 1 千克干物质需耗水约 450 千克。北方大花生亩产 150～175 千克时，全生育期耗水 210～230 米^3，亩产 200 千克时，耗水约 290 米^3。如此，花生生育期内至少需要耗水 320～440 米^3。

花生各生育期需水情况不同，苗期根系生长占优势，适当干旱能促进根系深扎，使幼苗茎节短密健壮。开花下针期营养生长与生殖生长都很旺盛，若土壤干旱，有效花数量明显减少，产量显著降低，此期干旱对中熟品种的影响大于早熟品种。结荚期是花生需水最多的时期，此期株丛下面的土壤适合保持湿润，但不要积水。荚果体积长到最大以后，即使结实层土壤偏旱，只要生根层水分适宜，荚果也能正常充实。由于花生下针结实需持续一段时间，故开花后20～70天，即荚果陆续长成的阶段，对土壤干旱最敏感。饱果期需水虽有所减少，但干旱影响荚果的饱满度和种子含油率。收获前20天灌水，可减免因持续干旱、收获前遇雨使大量荚果在田间发芽的危险。

水分过多会促进营养生长过旺。田间渍水对叶片和分枝的生长都有抑制作用，叶绿素含量显著减少，净同化率下降，开花减少。成熟期遇涝受渍，对油分的合成不利，种子含油量显著降低，甚至造成大量烂果。

3. 花生的灌溉

花生苗期需水少，土壤水分过多妨碍生根结瘤，故一般不需灌溉。遇春旱严重，花生植株接近萎蔫时，应及时灌溉，以免延迟开花。花生封行前灌溉，必须注意适时中耕保墒。花针期遇旱灌溉，有保证足够开花量的重要作用，尤其对花期短、开花较集中的品种，效果特别明显。结实饱果期，遇旱灌溉增产效益显著。如花生生育后期降水多，则应注意排涝，以防烂果。

花生忌漫灌，适合沟灌，水由沟底及垄两侧浸润，避免漫过垄顶，可防止结果层土壤板结，保持荚果发育良好的土壤结构。平种的花生应作畦，灌溉时逐畦供水。

花生喷灌不受地形限制，又能较好地保持土壤结构，还可调节田间小气候，缓解大气干旱。据试验，喷灌比沟灌节约用水30%～50%，还可增产4.7%。喷灌水量要足，以土壤湿润深度40～50厘米为宜，喷水速度不应超过土壤渗水速度，即田面不见水流，避免径流浪费。每亩每次喷水量约20米^3；喷水的雾化程度以水滴直径 1～3 毫米为宜，并注意喷匀。

滴灌比喷灌又可省水 30%～50%。该法是在一套低压管道系统上安装许多滴头，均匀分布在田间，水从每个滴头缓慢滴出，浸润作物根际周围，直接供根系吸收利用。据试验，滴灌比不灌的花生增产 28%，甚至 53.8%。滴灌的成套设备需专门制作和安装，使用时要确定适宜的灌水定额，每亩每次灌水量 10 米^{3}左右。

花生耐盐性差，必须注意灌溉用水的质量，不要用含盐较高和严重污染的水源灌溉。

4. 花生的排水

花生是比较耐旱的作物，但抗涝性差，田间积水过多对花生有害。仅注意花生灌溉，而忽视田间排水工作，同样不能获得高产。排水的目的在于排除地面积水，降低地下水位和减少耕作层内过多水分，以调节土壤温度、湿度、通气和营养状况，保持良好的土壤结构，为花生创造良好的生育环境。

烟台市在花生整个生育过程中，一般都要经过多雨时期，特别是七、八两月，降水集中，雨量大，易造成田间积水，形成涝害。一是半边涝，二是内涝。受涝的花生植株，苗期黄弱，中期矮小，后期幼果多，荚果不饱满，甚至造成大量烂果，损失严重。

在排水工作中，应根据当地的地势、土质、降水量、地下水位高低等具体情况，建立较完善的田间排水系统，排除田间积水。丘陵山区可采用堰沟排水，即在梯田的里堰挖堰下沟，田间挖拦腰沟，使其与田外排水沟相通，形成“三沟”配套。平原洼地采用主沟支沟相通排水，依地势坡向每隔 30～50 米在田间挖一条比较深的沟，作为排水主沟，再在田间每隔 20～30 米，用套犁法犁成支沟，使支沟与主沟相通，把多余的水排出田外。

（六）收获、干燥与贮藏

适时收获、及时干燥、安全贮藏，可以保证花生丰产丰收和保持荚果良好的品质，提高花生的利用价值和种植效益，并为下茬花生提供良好的种子。收获、干燥、贮藏工作做得不当，就会造成荚果损失、品质变劣，不仅影响产量，降低花生的食用价值和商品价值，而且影响种子质量，导致播种后缺苗断垄，甚至翻种，影响播种计划的实现。所以，在花生生产上，必须认真做好收获、干燥与贮藏工作。

1. 花生成熟的标志

花生是无限开花结实作物，花期较长。一般栽培条件下，珍珠豆型品种花期 50～70 天，普通型品种 60～120 天，同一植株上的荚果形成时间和发育程度很不一致。生产上一般以大部分荚果成熟，即珍珠豆型品种饱果率达 75％以上，中间型中熟品种饱果率达 65％以上，普通型晚熟品种饱果率达 45％以上时，作为田间花生的成熟期。从多年的生产实践经验和科研试验结果来看，综合考察花生植株表现、荚果特征和种仁特点来确定成熟期比较科学。

（1）植株长势变化 成熟期的植株，顶端生长点停止生长，顶部 2～3 片复叶明显变小，茎叶颜色由绿转黄，中、下部叶片逐渐枯黄脱落，小叶柄基部叶枕的睡眠运动减弱，叶片的感夜运动基本消失。植株制造和积累的养分已经大量运入荚果，植株生机衰退，呈衰老状态。有时田间花生在叶部病害（叶斑病、锈病）危害比较严重的情况下，虽然未达到生理成熟期，植株也表现出生机衰退、叶片枯黄脱落现象。有的品种即使大部分荚果已充分成熟，茎叶仍保持青绿，这类品种可称为“绿熟型”品种。

（2）荚果特征 荚果进入成熟阶段，果壳开始变硬变薄，颜色由白色转为浅黄色。种仁变饱满，种皮颜色加深；果壳内海绵组织（内果皮）收缩变薄，颜色从白色转为浅棕色、逐步加深；中果皮纤维层日益木质化，并逐渐由白色转为黄色、橘红色、棕色甚至黑色。

成熟的荚果，果壳韧硬，网纹明显。在荚果腹缝线上刮去外果皮，中果皮由黄褐转黑褐色，美国花生产区大都以此来检查花生荚果的成熟度。果壳内的海绵组织（内果皮）完全干缩变薄、紧贴里壳内壁呈深棕色，多数品种种子挤压处的内果皮呈现黑褐色的斑片。一些花生产区农民把这种壳内着色的荚果称作“金里”或“铁里”，这是荚果成熟的良好标志。特殊情况下（如后期遇旱、病害或受其他因素影响），种子未能充实饱满，直到植株叶落、茎枯，果壳依然外黄里白，内果皮并不着色。

(3) 种子内含物变化 种子成熟不仅表现为含油量达到最高程度，油分品质的增进也是重要标志。

①游离脂肪酸含量显著降低。种子成熟过程中，糖分逐渐变成甘油和脂肪酸，再由这些物质形成脂肪。成熟良好的种子含微量游离脂肪酸，而未成熟的种子含大量游离脂肪酸。游离脂肪酸的存在，使油脂容易氧化酸败，不耐贮藏，并使维生素 E 受到破坏，进而严重影响油分的品质。据报道，花生开花后 25 天，种子含油 4.27%，酸价（1 单位酸价=0.503%游离脂肪酸）是 51.45；开花后 32 天，种子含油 12.31%，酸价 26.62；开花后 46 天，种子含油 38.28%，酸价 9.87；开花后 60 天，种子含油 48.51%，酸价 5.07。通常食用花生油约含游离脂肪酸 0.5%。②脂肪酸组成发生变化。随着种子成熟度的提高，脂肪酸的组成也发生变化：油酸含量逐渐增加，增幅表现由大变小，至成熟前趋于稳定；亚油酸与油酸的变化正相反，随着荚果成熟度的提高逐渐减少，至成熟期降到很低的水平；棕榈酸在籽仁发育早期含量高，但很快降至一定水平，荚果发育的中后期含量恒定。硬脂酸、肉豆蔻酸和花生烯酸在花生脂肪中含量很低，且在荚果发育过程中基本无变化。随着种子成熟，油酸与亚油酸含量比值（O/L）逐渐提高，成熟种子油酸与亚油酸的比值达到该品种的恒定指标。③油分色泽。正常种子内油分的色泽也是鉴定花生成熟度的一项标志。成熟良好的种子脂肪含量增加，油分中的色素便被冲淡。未成熟种子的花生油中，含有较多的胡萝卜素和叶黄素素。而成熟种子的油分内，色素总量已降到微不足道的量，榨出的油呈现我国所用油色品级的最优级——柠檬黄色。

2. 花生适宜的收获时期

不同产区的气候和生产条件、栽培制度和种植的品种类型差别很大。在实际生产中，各地的具体收获日期应该根据品种生育期、播种时间、气候条件、田间土壤状况确定，确保产量、品质、产值均达到最高值。北方大花生产区的早、中熟品种一般在9月上中旬收获。晚熟大花生品种，一般应不迟于10月20日收获，留种用的花生还应早收几天，最好在霜降前晒干入仓。过迟收获，在田间或晒干期间便有受冻害的危险，影响花生荚果品质。

3. 花生收获方法

花生挖掘方法因各地的栽培习惯、土壤墒情、质地及品种类型等不同而不同。北方产区，主要有拔收、刨收、犁收、机械收获等方法。拔收方法主要用于珍珠豆型品种或子房柄抗拉力强度大的品种。一般情况下采用刨收、犁收方法，刨收、犁收的关键是掌握好刨、犁深度。过深，既费力，花生根部带土又多，造成拣果抖土困难，且易落果；过浅，易损伤荚果或将部分荚果遗留在土中。犁、刨深度以10厘米为宜，并应边犁、刨，边拾果抖土，以免犁、刨出土后，土壤水分散失，土壤结块，造成抖土困难，增加落果。机械收获，适于面积较大的地块，如果种植面积较大，则应考虑机械收获。发达国家机械收获比较普遍，我国近年也开发生产了许多类型的花生收获机械。机械收获能显著提高效率，但应注意尽量减少花生的机械损伤。

玉米花生带状种植花生机械收获

花生机械收获

花生收获

4. 荚果干燥方法

新收获的花生，成熟荚果含水量为50%左右，未成熟的荚果为60%左右，必须及时使之干燥，才能安全贮藏。经过田间晾晒的花生，还有比较高的含水量，摘下后仍须继续干燥。

北方产区花生收获后基本经过田间晾晒阶段，荚果含水量相对较少，根据经验，花生脱果后，初步扬净，摊晒6～10厘米厚，并使其呈波浪状以扩大与空气、阳光的接触面，加速水分散发。摊晒期间，每天在露水干后摊开，日中翻动数次，傍晚堆积成长条状，并遮盖草席或雨布，这样既有利于防止其受露水而潮湿，又利于种仁内的水分散发移动到果壳上，以利次日摊晒时加速干燥。如此，经5～6个晴天即可基本晒干，然后装入用高粱秆编成的“站子”或用折子围成的“囤子”中，放3～4天进一步使种子内水分散发到果壳，再摊晒2～3天，需要时可如此反复两次，待含水量降到10%以下时，即可贮藏。

5. 花生贮藏方法

花生荚果内含籽仁，籽仁脂肪含量高。脂肪是热的不良导体，传热慢，因此贮藏的花生堆，热传导能力差。在外温上升时，花生堆内仍可较长期保持一定的低温，但在堆内霉变发热时，产生的热量亦不易散发。另外，花生脂肪酸在适宜的温、湿度下易氧化水解，产生酸败现象。

荚果能否安全贮藏，与贮藏前荚果本身状况（所含水分高低、杂质多少、品质好坏等）以及贮藏过程中的环境条件（温度、湿度、通风条件）密切相关。

花生的贮藏方法，应根据各地区气候特点、贮藏条件及荚果的具体用途而定。主要有室内贮藏、露天囤藏、仓库贮藏等方法。

（1）室内贮藏 室内贮藏是一种广泛采用的花生荚果贮藏方法，特别在南方地区比较普遍。南方产区春花生收获时，正值高温潮湿季节，因此，有条件的多把花生囤藏在干爽的木阁楼或水泥楼面上；有的农户用编织袋把干燥的荚果包装后堆放于楼上、盖好薄膜密封保存。囤贮于地板上的，一般用沙或其他铺垫物垫底，使荚果与地面距离 30 厘米左右。种用花生贮藏，由于量少，有用带盖瓦缸或不透气的容器，放到凉爽的屋子里，下面垫石隔潮，容器内先铺些石灰或草木灰等吸湿物，随后装入荚果，加盖密闭贮存。北方气候干爽，室内囤贮花生时，建囤离开墙壁，囤高约 130 厘米，囤底垫干沙 13～17 厘米，其上再铺秸秆，可以隔潮防鼠。

（2）露天囤藏 北方产区由于秋后至冬春气温低而降雨少，晒干选净的荚果，除室内贮藏外，露天囤藏也很普遍。方法是选择干燥、向阳、通风处建囤，下面用石、木等垫高 30 厘米左右以防回潮，上铺一层 7～10 厘米厚的高粱秸或玉米秸，外面围以“高粱秸箔”，以木柱固定，内贮荚果。囤中间插一直径 15～17 厘米的草把，直通到底，以利通风。荚果装满后，用草苫封顶呈圆锥状。囤的直径为 1.6～1.8 米，每囤贮量以 1 000～1 500 千克荚果为宜，不要过多。花生的贮藏也可在平房屋顶建囤。囤高约 130 厘米、直径 165 厘米，每囤贮荚果 500～750 千克。方法简便，通风好，鼠害少，适合贮藏小批种用荚果。

仓储花生在入库贮藏前，先进行临时露天贮藏，可以充分降温散湿，避免花生入库贮藏初期，由于尚未完成后熟，呼吸作用比较旺盛，通风散热散湿条件不好，引起种子发热，而造成闷仓、闷囤、闷垛，甚至严重影响发芽力。

（3）仓库贮藏　度夏贮存的荚果或种子，可以采用保温库贮藏。保温库为双层墙壁，双层屋顶，两层之间空隙65厘米左右，其中充填稻糠、干海草及玻璃纤维等物，隔温隔潮。冬季入贮后，将库门密闭，只有进出荚果种子或需检查时才开启。库温常年保持在18℃以下，最高不超出20℃。

6. 贮藏期间的管理

花生贮藏期间，必须注意贮藏环境条件的变化及荚果的生理变化，以保证荚果的优良品质和种子旺盛的生活力。要及时检查、加强管理，一旦发现异常现象，要采取有效措施，妥善处理。

（1）贮藏中的检查　种子含水量和贮藏中的堆温是安全贮藏的主要因素。贮藏期间应定期检查堆温、水分及种子发芽率。室外囤藏或露天贮藏的，应切实防止雨雪侵入，以免引起霉烂。翻仓摊晒时，应选择晴朗而温度不过高的天气。由于翻晒可能增加破伤，次数应尽可能少些。

（2）防止霉变　霉变是指花生发霉变质的现象。其发生是由于荚果或种子带菌，又在贮藏中具备了适合菌类繁衍增殖的环境条件。危害花生贮藏的菌类主要是曲霉菌属、青霉属和镰孢菌属的一些种。这些真菌在花生上生长并分泌水解酶，引起干重损失、含油量降低、游离脂肪酸增加，进而使种子酸败，损害生活力。菌类是入库前荚果及种子上带有的，但是带菌量的多少因种种情况有所不同，例如，重茬地花生、收获过迟或收刨、摘果、晒干过程中受损伤的花生，带菌量就较多。这些菌类不仅附着在果壳上，并且容易侵入壳内，但不易侵入完整的种皮。因此，破伤粒要比完好种子容易霉变。霉变的发生需要一定的温度和水分。含水量8%以下的种子，温度20℃以下不易发生霉变。霉菌活跃繁殖的环境一般空气相对湿度在80%以上，温度在20～25℃。

(3) 防止虫害 花生贮藏期间的害虫，主要是印度谷螟，在河北、山东等省一年发生 3 代，南方一年可发生 4～6 代。虫害发生部位多集中在花生米堆表层 30 厘米深处。印度谷螟有吐丝结网的习性，严重时造成“封顶”现象。

花生贮藏害虫的主要来源和传播途径有三：一是装运过程中带入虫源，二是贮藏场所有害虫潜伏，三是贮藏期间感染。我国北方冬季严寒下，在－15～－10℃低温下，潜在虫源可基本消除。

为了减少外界不良气候影响，除了密闭仓库门（仓库具有防潮、隔热性能）、保持干燥低温环境外，还可在花生种子堆上压盖席子或麻袋等物，再压盖麦糠，以保持低温干燥状态，减少外界病虫害侵入。

防治贮藏期间的虫害，主要是确保入库前的花生在收、晒、运过程中不带虫源，并要做好入库前的仓库消毒。已入库的花生，不宜采用库内熏蒸，以免因虫尸水分多，留于种子内招致生霉。倘若贮藏中发生虫害，应及时翻仓消毒，筛除害虫并喷洒适当农药，检查确实无虫后重新入库，或移入其他安全仓库。

五、低产田花生增产增效栽培技术

（一）连作花生栽培技术

花生连作是指在同一块地连续种植花生，生产上通常把连作称为重茬。由于花生具有抗旱耐瘠的特性，我国花生产区相对集中，很多地方已经形成传统的优势花生种植产业，常常多年连片、大规模种植，有的甚至已连作了 10～20 年；还有些花生产区的丘陵旱薄地，种其他作物收入极低，种花生尚能获得一定的收入，不得不连作；此外，从农业经营方面出发，种植花生的经济效益较种植粮食作物显著高，花生面积扩大，必然出现连作；花生优势产区的花生产业化发展政策措施，促进了大面积栽培花生，势必导致连作。研究与实践证明，连作花生即使在正常管理的情况下，也会出现生育状况变差、产量降低、品质变劣等现象，被称为“连作障碍”。国内关于花生连作障碍的研究，直到 20 世纪 90 年代才进入较为系统的阶段，并在连作对花生的影响、连作障碍成因及解除措施等方面取得了重要进展。

1. 连作对花生的影响

（1）连作对花生生育的影响 连作对花生生育的影响主要表现在，花生个体生长发育缓慢、植株矮小、结果数少、百果重低、产量下降等，且随连作年限的延长上述症状加重。

主茎高度和分枝数在一定程度上反映了花生个体生长的好坏，是衡量花生生长发育状况的一项简易指标；而结实状况反映了花生产量高低和增产潜力。经山东省花生研究所研究发现，花生连作 1～5 年，主茎高度较轮作矮 1.8%～12.5%，百果重降低 5.5%～

18.2%。连作第2年开始，单株结果数减少0.5%～18.8%，尤其是单株饱果数减少幅度达13.8%～42.5%。连作第5年，与轮作相比，单株饱果/单株结果数由0.478下降至0.338。南京土壤研究所在酸性红壤花生大田调查表明，10年以上的长期连作会引起根幅缩小1/4～1/3，黑根、烂根率5%～20%；中后期株高矮12～25厘米；有效分枝减少51.1%，连作21年的高节位无效分枝达53%；连作10年和21年的单株总果数分别减少15.4和26.0个；其产量分别比连作3年的减少28.9%和51.2%。

总生物产量和荚果产量显著降低是连作花生的综合表现，是判断花生连作障碍最可靠的指标。试验表明，连作2～5年，花生总生物产量降低10.9%～24.2%。连作2年，花生荚果产量平均减产19.8%；连作3年，平均减产33.4%。可见，花生连作2年即显著减产，连作3年减产即很严重，连作年限再增加，花生产量基本维持在一个较低水平上。

（2）连作对叶面积及干物质积累的影响 山东省花生研究所的试验结果表明，连作1年，叶面积是生茬的82.4%，连作2年仅为生茬的67.0%，差异达到显著水平。连作2年的土壤，花生群体干物质积累速率、荚果干物质积累速率、总生物产量、荚果产量、叶面积系数和光合势比轮作分别降低10.2%、10.2%、9.4%、9.7%、10.3%和9.4%，差异达到显著或极显著水平。

连作可明显影响花生的生长发育，导致植株矮小，单株生产力下降。这种影响表现出两个特点：一是连作对花生生育的影响贯穿了整个生育期，并有随生育期推进而加重的趋势。连作1年的处理，花生在幼苗、结荚和收获三个时期的干物质分别降低8.2%、12.5%和22.5%；连作2年的处理，三个时期的干物质降低了18.4%、16.9%和34.6%；二是随连作年限的增加影响加重。连作2年的花生在幼苗、结荚和收获三个时期干物质的下降率比连作1年的处理分别增加了10.4%、4.4%和12.6%。

（3）连作对植株营养水平的影响 花生连作降低植株体内营养水平。研究发现，花生连作1～5年，植株体内硝态氮、有效磷、速效钾分别比轮作降低5.4%～20.4%、5.2%～26.9%和4.5%～20.9%，连作年限越长影响越大。连作花生幼苗期叶片中的磷含量，连作1年和连作2年分别比生茬降低0.13%和0.22%，茎中磷含量比生茬分别降低0.15%和0.24%；叶片中的钾含量分别降低0.43%和0.65%，茎中的钾含量分别降低0.58%和0.61%。

(4) 连作对光合作用的影响 连作对花生光合速率和光合强度均产生一定影响。综合山东省花生研究所的多年研究，花生连作2年，单叶光合速率降低3.3%，群体光合速率降低5.4%，差异均达到显著水平。花生连作1～5年，光合强度降低1.8%～13.7%，叶片中可溶性糖降低7.6%～32.1%，氨基酸降低6.3%～40.7%，与轮作差异显著。

连作对叶片叶绿素含量的影响，有的认为影响显著，有的则认为影响不大，目前尚无定论。

(5) 连作对花生衰老的影响 连作显著降低花生叶片中SOD、POD和CAT等的活性和可溶性蛋白质的含量，促进MDA的积累。花生连作1年，叶片中SOD、POD和CAT的活性和可溶性蛋白质的含量降低9.8%～26.7%，连作2年降幅增至12.5%～37.5%；MDA含量连作1年增加7.1%，连作2年增加18.4%。

连作同时降低单株根瘤数量和固氮酶活性，但连作1年对固氮酶活性的影响较小。

(6) 连作对花生病虫害的影响 花生连作往往导致病虫害加剧。其中，虫害主要有地下害虫、花生蚜虫和斜纹夜蛾等。花生苗期病害以镰刀菌根腐病为主，发病率随连作年限增长而成倍增加；花果期多叶斑病，病株率近100%，连作1年的花生收获时叶部病害的病情指数比轮作增加43.2%，连作2年的病情指数是轮作处理的2.3倍；青枯病、白绢病则随连作年限延长从无到有，发病多在结荚成熟期；青枯病一旦感染，产量损失60%～70%，若在开花前与结荚期发病则会导致颗粒无收。连作使花生线虫病危害加重，严重影响干物质积累和荚果饱满成熟。

2. 花生连作障碍产生的原因

引起花生连作障碍的原因，20 世纪 80 年代以前国内研究较少。90 年代后，山东省花生研究所等单位进行了大量系统性研究，认识逐渐统一。一般来说，连作会引起土壤细菌数量和多样性下降、霉菌和真菌数量增加、土壤酶活性降低、土壤养分比例失调、有毒化感物质积累等，这些因素的综合影响导致连作障碍。

（1）有毒化感物质的积累 化感作用是指植物或微生物代谢产生一些特定的生化物质并释放到环境中，对其他植物产生直接或间接的抑制或促进作用。植物化感作用的媒体被称为“化感物质”，是生物体内产生的非营养性物质，能影响其他植物生长、健康、行为或群体关系。现已发现，许多化感物质不仅对植物，而且对微生物、动物（特别是昆虫）都有作用。自然界很多植物根系能够分泌化感物质，如水稻、小麦、大豆、豌豆等，这些植物根系分泌的化感物质能够对周围其他植物产生化感作用，有些情况下对自身也产生毒害，抑制了植物的生长。植物化感物质主要包括酚酸类物质、萜类物质、小分子脂肪酸、黄酮类物质等。南京土壤研究所对不同年限连作红壤花生地土壤调查表明，连作花生土壤中对羟基苯甲酸、香草酸和香豆酸随着连作年限的增加而增加，连作 10 年后 3 种酚酸总量显著高于连作 3 年和 6 年的土壤。研究发现酚酸物质在一定的浓度时抑制花生幼苗的生长，可能是通过破坏花生细胞膜的完整性而使病原菌侵入，影响花生生长，产生连作障碍。同时，南方红壤区的红壤酸化严重，花生连作积累的酚酸也导致土壤偏酸，其酸化环境有利于病原真菌的繁殖。而酚酸物质可以改变土壤微生物群落结构，使病原真菌数量增加。因此，酚酸使土壤微生物群落结构改变、病原真菌富集、微生物群落环境恶化，而恶化的微生物群落结构使土壤中的酚酸物质降解缓慢，造成酚酸物质积累，积累的酚酸不仅继续改变微生物群落结构，而且会抑制花生生长，增加花生发病率，如此恶性循环，产生花生连作障碍。当然，目前对于化感物质提取方法与检测技术还有待于进一步完善，其他化感物质种类还有待进一步的确认；对于导致连作花生分泌和积累化感物质的土壤环境因素有待于深入探讨。

（2）土壤微生物群落的失衡 花生连作，由于花生的根系分泌物、脱落物、残留于土壤中的花生植株残体，以及多年相似的田间管理方式，形成了特定的土壤环境和根际条件，从而影响了土壤及根际微生物的繁殖和活动。从土壤微生物环境来说，花生连作导致土壤微生物区系变化是导致地力下降的重要原因之一，花生连作使土壤微生物区系变化，即土壤由细菌型向真菌型转化，是引起花生减产的主要原因。山东省花生研究所发现，随着连作年限的增加，土壤及根际的真菌数量显著增加，细菌和放线菌的数量明显减少。南京土壤研究所在不同连作年限的红壤花生地大田调查也发现，随着连作年限的增加，土壤中细菌减少、霉菌增加，细菌与真菌的比值显著变小，连作使细菌型土壤向真菌型土壤转化。细菌型土壤是土壤肥力提高的一个生物指标，真菌型土壤是地力衰竭的标志。土壤真菌的增加，特别是霉菌的增加反过来影响花生的发芽与生长。植物病原菌以真菌为主，真菌的增加，导致以植物体为营养的腐生菌和病原菌增加，因此往往使花生病害增加。亚硝酸细菌和硝酸细菌在土壤中担负着硝化作用，硝化作用是土壤中氮素生物学循环中的一个重要环节，对土壤肥力和植株营养起着重要作用。总的看来，从土壤微生物环境来说，花生连作导致土壤微生物区系变化是导致地力下降的重要原因之一，但是地力下降的具体指标有待于进一步研究。

（3）土壤酶活性的降低 土壤是一种类生物体，土壤酶的活动直接影响土壤有机质的矿化和养分形态的转化，调节土壤养分对植物体的供给状况。山东省花生研究所发现，蔗糖酶、脲酶、过氧化氢酶、磷酸酶等土壤酶活性基本呈现随连作时间延长而下降的现象。其中以碱性磷酸酶降低最为显著，连作 2 年降低 15.4%，连作 3 年降低 20%以上，连作 4 年降低 29.3%以上，连作 5 年降低 30%以上；蔗糖酶次之，连作 4 年降低 10%以上；脲酶亦有降低，连作 4 年降低 9.8%。连作对过氧化氢酶影响不大，不同连作年限间提高和降低均不超过5%。碱性磷酸酶是重要的磷酸水解酶，在该酶的作用下，磷酸根才能转化为植物可以吸收利用的形态，相关分析发现，碱性磷酸酶活性与土壤中的有效磷、锌呈显著正相关，与速效钾呈极显著正相关；蔗糖酶参与土壤中碳水化合物的生物化学转化，蔗糖酶的活性降低，必然导致土壤中有效养分的降低。脲酶能促进尿素水解，脲酶活性降低，势必影响尿素水解。碱性土壤连作花生分析表明，土壤真菌显著抑制碱性磷酸酶活性，而花针期根际真菌对碱性磷酸酶、蔗糖酶和脲酶活性均具有显著抑制作用；土壤细菌对碱性磷酸酶、蔗糖酶和脲酶活性均有显著促进作用，花针期和成熟期根际细菌则同时促进碱性磷酸酶活性；土壤放线菌显著促进碱性磷酸酶活性；成熟期根际放线菌显著促进脲酶活性。

(4) 土壤养分比例的失调 连作导致土壤养分发生非均衡性变化，有效养分的失衡是花生连作障碍的主要原因之一。花生不同连作年限土壤养分变化情况研究发现，土壤有机质的含量很少受到其中微生物的作用，花生连作1年后碱解氮含量的变化达到了显著水平，而有效磷和速效钾的含量年份间的变化达极显著水平，呈现明显的下降趋势；连作3年后磷素下降了61.3%，钾素下降了16.7%。这与土壤微生物总量下降呈相同趋势。真菌对土壤中养分的影响较小，而土壤中碱解氮、有效磷和速效钾的含量受土壤微生物的影响较大。山东省花生研究所发现，连作2年，速效钾含量减少9.8%、有效磷含量减少19.1%；连作4年，速效钾含量减少40.6%，有效磷含量减少53.0%，硼、锰、锌含量分别减少53.8%、6.7%和12.6%；连作6年，速效钾含量减少48.7%，铁减少30.3%，铜、锰、锌分别减少22.5%、36.6%和33.2%；而氮、钙、硫、钼、镁等养分变化较少；连作花生连年施有机肥料，可以增加土壤中的有机质、全氮、水解氮含量，但磷、钾含量仍显不足。还有研究发现，花生长期连作施氮过多，导致花生自身固氮功能减弱、根瘤少而小，氮肥利用率和产投比降低，磷效减小，钾素紧缺。另外，由于土壤中缺钙和硼，造成大量花生果空壳。长期的连作，由于植物的养分选择吸收，加剧了土壤有效养分的非均衡化。某些有效养分，特别是微量元素的缺乏，一方面降低了植物的抗病性能，诱导根系分泌物质的增加，而这其中可能包括了抑制花生生长的化感物质；另一方面，有效养分的缺乏也会引起微生物区系的变化，因为有效养分与土壤微生物区系密切相关。长期连作花生，即使施用足量的氮、磷、钾肥及硼、钼等微肥的情况下，其总干物重及荚果产量仍然随着连作年限的增加而递减，表明连作障碍的原因可能与某些养分的含量降低有关，但不能简单地以养分含量的高低来诊断连作障碍，也不能期望单独施用某种土壤有效养分含量低的元素肥料来缓解连作障碍。

3. 解除（缓解）花生连作障碍的主要措施

花生连作在我国许多花生产区不可避免，为有效提高连作花生的产量和品质，国内一些科研、生产单位做了大量探索、试验和研究，提出了轮作换茬（模拟轮作）、改进土壤耕翻技术、施用土壤微生物调理剂、有机肥与连作专用肥相配合等解除（缓解）花生连作障碍的措施和方法，与选用耐重茬品种、覆膜栽培、调整播种期、加强病虫防治等技术组装配套，形成了连作花生高产栽培技术规范，大面积应用亩产 300 千克以上，培创出 251 亩连作花生平均亩产 340.3 千克的高产示范样板田。

（1）进行轮作换茬（模拟轮作） 轮作换茬是克服花生连作障碍的最经济有效的措施之一。山东省花生研究所报道，北方花生产区利用花生收获后至下茬花生播种前的空隙时间播种秋冬作物（模拟轮作），可以改善连作花生土壤微生物类群的组成，使之既起到轮作作物的作用，又不影响下茬花生播种。试验发现，连作花生收获后于 9 月下旬播种小麦，11 月下旬翻压，翌春 5 月初再播种花生，花生的主茎高、侧枝长、总分枝数、单株结果数、饱果数均显著超过连作对照，接近或超过轮作对照，花生的总生物产量和荚果产量较连作对照分别增产 24.0％和 25.1％。播种水萝卜的效果仅次于小麦，花生的总生物产量和荚果产量较连作对照分别增产 23.2％和 21.2％。为确保模拟轮作的效果，必须掌握好模拟轮作作物的播种、翻压时间，播种应在花生收获后抓紧时间抢播，翻压应在封冻前或早春进行，播种方式以撒播或窄行密植为好，翻压时应增施适量速效氮肥，以促进模拟轮作作物植株残体的分解。在南方花生产区实行水旱轮作，对花生增产十分有利；连作花生产区通过不同耐性品种花生年际间轮作、种植秋冬作物（如春花生—秋冬萝卜、春花生—秋粟米）或与其他高效作物实行分片轮作（如部分地区种植花生—萝卜、部分农田种植紫薯—萝卜，第 2 年再对调）来缓解花生连作障碍更为实际。

（2）改进土壤耕翻技术 收获花生后及时进行土壤翻耕，一方面松土暴晒灭菌，另一方面有利于清除花生植株残茬，改善土壤微环境，缓解连作障碍。结合土壤翻耕播种秋冬作物，能明显减轻来年花生病虫害。山东省花生研究所研究发现，在连作 7 年花生的田块应用土层翻转改良耕地法，即将原地表向下 0～30 厘米的耕层土壤平移于下，将其下 7～15 厘米的心土翻转于地表，并增施有机肥料，翻转后耕层土壤施速效肥料。翻转深耕 50 厘米，花生荚果产量较常规耕深 20 厘米增产 29.6%，田间杂草数量减少 336.5%，花生网斑病发病时间推迟，病情指数降低，到收获期茎枝不枯不衰。翻转深耕 30 厘米，花生荚果产量较常规耕深 20 厘米增产 17.1%，田间杂草数量减少 131.2%。土层翻转改良耕地法应在冬前进行，并严格注意土层过浅和心土过于黏重的地块不适合采用，而且花生播种时应增施适量速效肥料，以促进花生前期生长。在南方红壤坡地中由于红壤相对紧实，且缺乏配套的机械，可在收获秋翻后播种萝卜等秋冬作物增加地面覆盖，既有利于保持水土，也在一定程度上缓解花生连作障碍。

（3）施用微生物制剂 一是将培养好的拮抗微生物以一定方式施入土壤，或在土壤中加入有机物等措施，可以提高拮抗微生物的活性，降低土壤中病原菌的密度，抑制病原菌的活动，减轻病害的发生；二是接种有益微生物，能够分解连作土壤中存在的有害物质，或与特定的病原菌竞争营养和空间，减少病原菌的数量和根系的感染，从而减少根际病害发生。山东省花生研究所试验发现，生物菌剂可以显著促进连作花生的植株生育，使连作花生的植株高度、单株结果数、饱果数、百果重等主要农艺性状以及生物产量和荚果产量达到或超过轮作花生的水平，其中荚果产量较对照增产32.2%，较连作施肥增产34.9%。但其生物菌剂增产效果年际差异较大，说明生物菌剂对连作障碍的缓解作用受其他因素（如土壤环境等）影响较大。南京土壤研究所在红壤连作10多年花生地的花针期和结荚期喷洒2次微生物制剂（主要是芽孢杆菌及其代谢产物）后，连作花生增产12.0%～27.4%。因此，生物菌剂有望成为减轻或解除花生连作障碍的一项经济有效的措施，但其适应不同地区和土壤条件的新型微生物制剂的研制和筛选尚需要进一步研究。

(4) 配合施用有机肥和连作专用肥 结合冬耕，增施有机肥料，既能提高地力，又有利于土壤微生物的繁衍，缓解连作障碍。据河北省廊坊地区农业局试验，连作花生亩施有机肥600、1 200和1 800千克，荚果产量较不施肥对照分别增产27.0%、63.5%和95.5%。合理施肥能够在一定程度上缓解花生连作障碍，特别是有机肥和优质花生专用肥配合施用能够改善土壤理化性质，补充连作花生土壤中容易缺少的硼、钼、锌等元素。山东省花生研究所研制施用连作花生专用肥，较连作对照增产花生荚果24.0%，较轮作对照增产花生荚果11.5%，表明其对缓解花生连作障碍具有一定的作用，其配方基本可以满足连作花生对氮、磷、钾及主要微量元素的需要，促进连作花生植株生育，显著提高连作花生的生物产量和荚果产量。但连作专用肥在连作条件下肥料用量需要比轮作条件下加倍，才能获得较好的增产效果。同时，由于长期连作导致的某些有效养分缺乏，已经引起土壤化感物质积累和土壤微生物区系真菌化，因此在花生连作专用肥研制过程中还应考虑消除化感物质与快速调节微生物区系的需求。

(5) 调整播种时间 高温季节，花生易发生枯萎病、青枯病等土传病害，在栽培上就要错过高温期或在高温期采取预防措施，以减轻病虫害的发生。春花生播种过早，花生生育进程与气候条件不相协调，盛花期处在雨季前的旱季，影响花生下针结果，而饱果期处在雨季，易造成烂果。同时早播易遭受低温冷害，引发花生病毒病大发生。因此，在墒情有保障或有抗旱播种条件的地方要适期晚播，鲁东适宜播期为 5 月 1～10 日，鲁中、鲁西为 4 月 25 日至 5 月 15 日。

此外，覆膜栽培能够促进土壤微生物的繁殖，对连作花生有着显著的增产效果。山东省栖霞市农业技术推广站试验发现，连作花生果播覆膜较露地仁播，荚果产量增加 101.0%。选用耐重茬品种，是提高连作花生产量的经济有效手段。山东省花生研究所试验鉴定，在连作地块种植耐重茬普通型品种比对照增产 20.1%，小花生增产 64.7%。栖霞市农业技术推广站试验发现，将冬深耕、增施肥料、覆膜栽培、选用耐重茬品种、防治线虫和叶斑病等五项措施组装配套，连作花生荚果产量较习惯种植法增产 179.5%，改变或减少 1～2 项措施，增产幅度则显著降低。利用间作植物间化感作用，部分地区通过“玉米＋花生、药材＋花生”间作也取得了一定的增产效果。长期连作重茬花生，从苗期开始，定期喷施多硫悬浮剂等，或者使用生石灰等进行土壤消毒，结合其他病虫防治，可以有效缓解花生连作障碍，但该方法具有一定的潜在生态风险。

综上，解除花生连作障碍最好的措施是与其他作物实行轮作。然而，在面积集中的花生主产区，特别是那些只适合少数作物生长的丘陵旱薄地，连作不可避免，通过集成运用上述农艺措施，能够缓解连作对花生生长发育的影响，大幅度提高连作花生产量。

（二）旱薄地花生栽培技术

1. 整地和轮作

土壤条件对花生产量影响很大，花生是深根作物，要选择耕作层深厚、疏松、肥力较高的土壤种植。注重与玉米、谷子等禾本科作物实行 3 年以上轮作倒茬，利用前期培育壮苗，增加抗逆性。前茬作物收获后冬前进行深耕翻晒，深度要求达到 25～30 厘米，打破犁底层，加深活土层，彻底疏松土壤，提高土壤通透性和蓄水保肥能力，同时减少越冬病原、虫原基数，减轻翌年危害。早春旋耕整平、整细、疏松、湿润，达到上虚下实后适时播种。

旱薄地花生

2. 选用优良品种和种子处理

选用综合性状好、产量高、品质优的省级主推品种，其中高产抗逆性强的品种有花育 20、花育 22、潍花 8 号、临花 6 号等，早熟、高产稳产的品种有丰花 1 号、花育 17、花育 19 等。为提高种子发芽率，保证苗全苗壮，要对种子实行分级粒选，剥壳前需晒果 2～3 天，捡出杂种、秕粒、小粒、破种粒、感染病虫害及有霉变的种子，把大、中粒作种用的种仁分为一、二级种子，分开储存和播种。播种前，对蛴螬等地下害虫和枯萎病重发地块，用 40%甲基异柳磷和 40%多菌灵均按种子量 0.2%拌种防治；或用 40%卫福、2.5%的适乐时等杀菌剂按种子量的 0.2%拌种，以预防白绢病、茎腐病等倒秧病，促进植株健壮生长。

3. 合理密植

密度是栽培水平的综合体现，受到地力土质条件、施肥水平及品种特性等多种因素的制约。合理密植则能构建最佳群体、充分发挥整体效能，取得较高产量。掌握原则是肥地宜稀，薄地宜密，大花生稍稀，小花生稍密。一般情况下，小花生或中早熟直立品种适宜留苗密度为每亩 1 万～1.2 万穴、大花生为 0.9 万～1 万穴。

4. 播种与覆膜

（1）适时播种 播种时期是适应气候变化，调节花生生育进程的重要手段，当前推广的花生品种多为中早熟品种，播种过早除易发生冻害外，还常常造成开花成针期出现在 5 月下旬至 6 月上旬，影响开花、下针和荚果的形成，使结果期不集中，形成多茬果；而饱果期又正值 7、8 月的雨季，光照不足，土壤通气不良，荚果发育充实差，并造成发芽烂果，这是花生烂果减产的主要原因。覆膜可使 5 厘米处地温提高 3～5℃，可比露地栽培早播 7 天左右。以 5～10 厘米地温连续 5 天稳定在 15℃以上时即可播种（5 厘米土层湿度占田间最大持水量 50%）。

（2）精细播种 在整好的垄面开两条 3～4 厘米深的播种沟（或刨 2 行播种穴），两沟距垄边 10 厘米，墒情差时先浇水补墒，播种后覆土。

（3）喷药覆膜 播后，每亩用 50%乙草胺乳油 75 毫升，兑水 50 千克，均匀喷洒垄面及垄两侧，以防滋生杂草。然后铺地膜，两边覆土压牢，在垄顶每隔 1.5～2 米处横压一条小土埂，防止大风刮掉地膜。

5. 花生施肥

（1）施肥原则 试验表明花生对矿物质营养需求的特点是既全面吸收氮、磷、钾三大主要元素，又对有机质、镁、钙、硼、钼等中微量元素高度敏感，因此，合理选用肥料、平衡供给养分对促进花生健壮生长至关重要。花生施肥应遵循以下原则：重施有机肥，做到有机肥、氮、磷、钾肥及中微量元素配合施用，达到平衡施肥。

(2) 肥料施用量 花生对营养元素的要求及吸收动态是每生产100千克荚果，全株吸收积累的矿质营养的数量平均为纯氮6～6.8千克、五氧化二磷2.1～2.4千克、氧化钾3.6～4.0千克、氧化钙2.0～2.3千克，即对主要营养元素的吸收量是氮＞钾＞磷＞钙。花生不同生育时期对养分的吸收动态是：苗期吸收量较少，花针期逐渐增加，结荚期最多，成熟期又下降，研究结果表明：花生苗期吸氮4.8%、磷5.1%、钾6.7%；花针期吸氮17%、磷22.6%、钾22.3%；结荚期吸氮48.5%、磷49.5%、钾66.4%；成熟期吸氮29.7%、磷22.8%、钾4.6%。可见氮、磷、钾的吸收高峰主要在结荚饱果期，占全生育期的60%以上，此期若土壤供肥能力差或根系吸收能力弱，茎叶的氮、磷加速向荚果运转，会造成脱肥早衰。根据花生高产需肥量，中等以上肥力水平的地块，土壤有机质含量0.6%以上、全氮含量600毫克/千克以上、速效氮60毫克/千克以上、有效磷25毫克/千克以上、速效钾80毫克/千克以上、活性钙0.18%以上时，花生亩产400千克，应掌握稳氮、增磷、补钾的原则确定施肥量，每亩需施用纯氮12.5千克、五氧化二磷10千克、氧化钾14.5千克，折合优质圈肥5 000千克、尿素12千克、过磷酸钙70千克、硫酸钾4～6千克、复合肥（15-15-12）30千克。高肥力地块，土壤有机质含量1.0%以上、全氮800毫克/千克以上、速效氮90毫克/千克以上、有效磷30毫克/千克、速效钾100毫克/千克以上时，亩产花生果500千克，每亩施优质圈肥5 000千克，尿素20千克、过磷酸钙100千克，缓效控释肥（18-10-20）30千克。

(3) 施肥方法 花生所用有机肥，氮、磷、钾肥料，多在播种前作为基肥施用，采取全层施肥方法，以深施为主。基肥的2/3结合耕翻施入犁底、1/3结合春季浅耕或起垄作畦施入浅层以满足生育前期和结果层的需要。钾肥要全部施入结果层下，防止结果层含钾过多，影响荚果对钙的吸收，增加烂果。后期根据生长状况喷施叶面肥，如2%尿素溶液、3%过磷酸钙浸提液或0.2%磷酸二氢钾溶液，能在一定程度上防止早衰，促进荚果发育。

(4) 配施微肥 当前花生生产上微量元素的缺乏对花生生长和生理作用的影响日益突出，越来越受到人们的重视和关注。其中比较常见的是铁、锌、硼和钼等元素的缺失，土壤临界指标铁为 5 毫克/千克、硼为 0.2 毫克/千克（钙质土）或 0.5 毫克/千克（酸性土）、锌为 0.5 毫克/千克、钼为 0.15 毫克/千克。针对不同土质、不同地块的缺素情况，采取相应的补充措施：对缺铁症可用硫酸亚铁 0.75～1.5 克/米^2 作基肥，0.2%～0.5%硫酸亚铁溶液于新叶发黄时叶面喷施，连喷 2 次；对缺硼症可用于硼酸或硼砂 0.75 克/米^2 作基肥或 0.1%～0.25%水溶液花针期喷施或 0.1%溶液浸种；对土壤 pH 7 或含磷过多导致的缺锌症，可用硫酸锌 1.5～3 克/米^2 作基施，每千克种子用 4 克硫酸锌拌种或 1%～2%硫酸锌溶液于花针期喷施；对酸性土壤易缺钼的情况，可用种子量 0.1%～0.2%钼酸铵溶液浸种或拌种。

6. 抓好田间管理

覆膜栽培出苗后及时用利器破膜、引苗出膜，注意不要把膜口扯得太大；齐苗后进行清棵，促进一、二对侧枝早发枝、快发枝，实现多花、多针、多果，清棵深度以 2 片子叶刚露出地面为准，在清棵的同时，要将压在未出芽苗上面的大块泥土和杂物拨开，再培上松土；做好灌水和排水工作，花针期（播后 40～70 天）是整个生育期需水最多的时间，对水分要求最为敏感，尽量保持正常的水分供应；结荚期（约播后 70 天）要使土壤处于相对干爽的环境，避免因水分过多，造成茎叶徒长而倒伏，土壤通气不良，甚至烂荚，产量下降，品质降低。同时开花下针结荚期，对长出的夹窝草，用盖草能兑水防除。对不进行地膜覆盖的花生田，要浅中耕保墒。在花生封垄前，地表绝大部分裸露在阳光下，土壤失墒严重，在此期间雨后待地表稍干时进行浅中耕，利于保墒；合理化控，当花生主茎高度接近 40 厘米时，凡秧苗过旺的高产地块，在盛花期末即开花后 30 天左右可亩用 15%多效唑 30～40 克，兑水 40～50 千克喷洒叶片控制徒长，或及时喷施花生专用化控剂“花生矮脚虎”。

7. 病虫害综合防控

花生病虫害发生种类较多，防治病虫害必须坚持“绿色植保、公共植保”的工作理念和“预防为主、综合防治”的植保方针，加强病虫草害的预测、预报，并针对近年来花生主要病虫害发生特点，提前制定好重大病虫草害防控预案，科学制定综合防治方案，突出生态控制，本着安全、优质、营养的原则，协调应用农业、生物和化学综合防治技术，大力推广应用高效、低毒、低残留农药，切实提高防治效果，减少灾害损失。

（1）播种期拌种 此期主要是预防以白绢病为重点的倒秧病和地下害虫，播前实施药剂拌种，每10千克花生种用25毫升卫福种衣剂兑水50毫升拌种包衣或用50%多菌灵可湿性粉剂按种子量的0.3%拌种，对白绢病、茎腐病、根腐病、黑霉病、青枯病等有显著的防治效果；每亩用5%辛硫磷颗粒剂2.5千克或10%毒死蜱颗粒剂1.5千克，或50%辛硫磷乳油0.1～0.15千克掺细土30千克或拌麦麸2千克撒于播种沟内，可有效防治越冬后造成危害的金龟甲、金针虫及根结线虫等地下害虫。

（2）生长期喷雾 花生生长期根据田间病虫害发生特点，一般要进行3次药剂喷雾。第一次喷雾在花生齐苗后，亩用苦参碱1 000倍液、EB-82灭蚜菌200倍液、吡虫啉可湿性粉剂4 000倍液加40%菌核净和50%多菌灵复配剂喷雾，可有效防治蚜虫、病毒病、白绢病、根腐病、茎腐病等，促进苗全苗壮。第二次喷雾在花生初花期，每亩用50%多菌灵可湿粉和50%扑海因复配剂加天达2116（花生豆类专用）50千克及阿维菌素100克，兑水30千克喷雾，可防治花生白绢病、网斑病、病毒病、棉铃虫、蚜虫等，使植株健壮、抗倒伏。第三次喷雾在花生荚果膨大期，亩用50%多菌灵和40%菌核净复配剂加天达2116（花生豆类专用）75克，兑水45千克喷雾，可防治花生叶斑病和防止后期早衰，促进花生饱果成熟。用后一般增产5%～20%，成熟期提早7～10天。

(3) 提倡生态控制作用 保护和利用生物天敌，如瓢虫、草蛉、食蚜蝇等有益生物，能较好地控制苗期病虫害。当百穴蚜量10头左右，瓢、蚜比为1∶（100～120）时，可控制蚜害。

(4) 收获期防治 结合花生收刨及复收，捡拾蛴螬或金龟甲，降低害虫密度，减轻翌年危害。花生收刨、晒干及贮藏等每个环节中，都要保持通风、干燥，杜绝种子霉捂。清除田间病残体，深刨病根，可压低越冬菌源，减轻翌年白绢病、叶斑病、茎腐病、锈病等多种病害的发生。

8. 适时收获

花生的适宜收获期，应根据品种和植株的长相而定。一般来说，春花生播后135天为适宜收获期。留种花生提前5天左右收获较适宜。覆膜田花生，收获前半月，顺垄沟将残膜拣净，避免田间白色污染。要做到及时收获，防止落果、发芽，减少黄曲霉感染机会，收获后要及时晾干，达到安全水分15%以下时贮藏，以防霉捂。

六、花生专项栽培技术

（一）花生地膜栽培要点

花生地膜覆盖栽培具有提高地温、保墒抗旱、保持土壤疏松通气、减少肥料流失、促进植株和荚果发育的作用，一般增产20%～40%。该技术在北方已广泛应用，并进一步推广到丘陵旱地，作为抗旱保墒的主要措施。随着地膜栽培的推广和发展，目前已有配套的覆膜播种机械，起垄、施肥、播种、喷除草剂、覆膜、压土等工序一次完成，大大提高了覆膜效率，促进了地膜栽培花生的大面积推广。

1. 地膜规格

一般采用无色透明的微膜（厚 0.007 毫米±0.002 毫米，用量 4.3～4.7 千克/亩）和超微膜（厚 0.004 毫米±0.002 毫米，用量 2.8～3 千克/亩），后者效果较差，但成本较低。幅宽一般 85～90 厘米。近年又生产推广了带除草剂的药膜和双色膜。

2. 品种选择

选用增产潜力大、中晚熟的大果品种，如海花 1 号、鲁花 11、鲁花 14、花育 16、花育 17、丰花 1 号、潍花 6 号等。

3. 增施肥料

地膜花生长势旺，吸肥强度大，消耗地力明显，应增施肥料，尤其是有机肥。有机肥可撒施，化肥可集中包施在垄内，亦可适量作种肥施用。肥料于播种前施足，一般不追肥。

4. 精细整地起垄、规格播种

精耕细耙，垄面平整无坷垃、无根茬，足墒播种或抗旱播种。垄距85～90厘米，垄高10～12厘米，垄面宽55～60厘米，畦沟宽30厘米。双行种植，垄内小行距不小于35～40厘米，穴距15～18厘米，每公顷12万～15万穴。地膜花生可先播种后覆膜（适用于劳动力紧张，土壤墒情差的地区和机械化播种的情况），在播种沟处膜上压厚约5厘米的土埂；亦可先覆膜后打孔播种（适用于劳力充足，土壤墒情好的地区），孔径3厘米，孔上覆土呈5厘米土堆。无论哪种方式都要做到盖膜前喷好除草剂，提高盖膜质量。

花生地膜栽培

5. 田间管理

出苗时及时破膜引苗，使侧枝伸出膜面，先盖膜后播种的及时撤土清棵，防止高温伤苗。中后期注意防旱、排涝。旺长的及时喷施生长延缓剂控制。防治叶斑病，叶面喷肥防止早衰。

花生膜下滴灌机械播种

（二）夏直播花生栽培要点

夏直播花生一般指麦茬直播，亦有其他夏茬，近年有较大发展，为鲁东高产田小麦花生两熟制的主要方式，已形成较完善的技术体系。

1. 夏直播花生生育特点

生育期一般 100～115 天，与春花生相比，有“三短一快”的特点。一是播种至始花时间短，约短 15 天，苗期营养生长量不够，花芽分化少。二是有效花期短，仅 15～20 天，若遇干旱、低温、光照不足，对有效花量、果针数、单株结果数和饱果数影响极大。三是饱果成熟期短，比春花生短 25 天左右，因而单株饱果数不可能很多。“一快”是指生育前期生长速度快，结荚初期叶面积多数可达 3 以上，能形成较大的物质生产能力。但是在肥水充足、高温多雨情况下，更容易徒长倒伏。

2. 高产栽培技术要点

一般应种在有排灌条件的高产田，采用地膜覆盖栽培。夏直播花生高产途径概括为“前促、中控、后保”。前期促快长，促进群体发育，结荚初期叶面积指数达 3 以上，田间封垄，主茎高 30～35 厘米，结荚期叶面积指数稳定增长保持 4.5 左右；中期控制营养生长、旺长，防止倒伏，促进荚果发育和充实；后期防治叶斑病，以保叶防止早衰。具体栽培要点：培肥地力，多施基肥，麦收后，抓紧时间整地、施足基肥；选用中熟或中早熟大花生良种；适当增加种植密度，适宜密度为 15 万～20 万穴/公顷，每穴 2 株；抢时早播，前茬小麦收后，应及时早种，力争 6 月 15 日前播种，最迟不能晚于 6 月 20 日；加强田间管理，夏花生对干旱十分敏感，任何时期都不能受旱，尤其是盛花和大量果针形成下针阶段（7 月下旬至 8 月上旬）是需水临界期，干旱时应及时灌溉，同时，夏花生也怕芽涝、苗涝，应注意排水。

夏花生整地

夏花生机械播种

（三）麦田套种花生栽培要点

麦套花生一般指畦麦套种，小麦按常规种植，不留套种行。在小麦灌浆期套种，亦称夏套花生或麦套夏花生。麦套花生是黄淮海地区主要种植方式，鲁西及河南省面积更集中，山东省约 40 万公顷，河南省70%是麦套花生。麦套花生有较大的高产潜力，已出现大面积500千克/亩以上的高产地块，并形成了一套较完善的栽培技术体系。

1. 生育特点

麦套花生生育期介于春花生和夏直播花生之间，约130天。麦套花生播种后与小麦有一段共生期，使花生有较长的生长期，有效花期、产量形成期和饱果期均长于夏直播花生。不利因素主要是遮光，近地层气温比露地低2～5℃，出苗慢，始花晚，主茎基部节间细长，侧枝不发达，根系弱，基部花芽分化少，干物质积累少。遮阴下生长的花生在麦收后去除遮阴，还需一段适应缓苗过程，生长极慢。小麦灌浆期耗水很多，干旱时花生常出现"落干""回苗"现象，不易全苗齐苗。麦套花生不能施基肥，苗期生长受影响。

2. 栽培技术要点

麦套花生高产的关键是要苗全苗齐苗壮，有足够密度。重点做好以下几项工作：前作培肥，实行小麦、花生一体化施肥，在小麦播种前施足两作物所需肥料，或在春季重施小麦拔节孕穗肥兼作花生基肥；采用中熟大花生品种；适时套种，一般以麦收前15～20天为宜，中低产麦田可适当提前到麦收前25～30天套种；足墒播种、提高播种质量，争取一播全苗；合理密植，一般为27万～30万株/公顷。种植方式主要根据小麦种植方式，以保证密度为原则(小麦等行距23～30厘米均可，以25～27厘米为宜，采用"行行套"的方法，使行、穴距大致相当，充分利用空间，亦利于保证密度)；麦收后及时灭茬、中耕、松土以促根、壮苗、清除杂草；若基础肥力不足，应在始花前结合浇水，每公顷追施优质有机肥1.5万～3万千克、尿素300千克、过磷酸钙450～750千克；花针期至结荚初期生长过旺时，用多效唑控制旺长；中后期注意防治叶斑病，叶面喷肥，防止早衰。

（四）丘陵旱地花生优质高产栽培技术

北方花生主要分布在丘陵和旱地，制约产量提高的主要因素是土壤瘠薄、干旱、肥料利用率低、病虫害较重。采用地膜覆盖增强抗旱保肥能力；适期晚播调节花生生育进程适应气候条件，防避病虫害，促进结果集中、整齐，防止后期发芽烂果，提高品质；肥效后移避免后期脱肥早衰，提高肥料利用率。本技术是中低产田增产的重要途径，在山东省作为高产创建技术已大面积示范推广，曾获全国农牧渔业丰收奖。

丘陵花生

1. 增产增效情况

在传统种植的基础上一般增产 25%～35%，在覆膜栽培基础上增产 15%～25%。一般增效 20%～30%。

2. 技术要点

(1) 整治农田，改良土壤，轮作换茬 丘陵地整修梯田，三沟配套。冬前深耕深翻，加深活土层。黏性土压沙或含磷风化石，沙性土压黏淤土。

(2) 增施有机肥、有机无机复合肥、包膜缓控释肥等 培肥地力，延长肥效期，肥效后移防早衰。中等肥力地块，亩施有机肥3 000～4 000千克，五氧化二磷6～8千克，纯氮8～10千克，氧化钾4～5千克，于地膜覆盖起垄时集中包施在垄内。

(3) 选用高产抗病、抗旱耐瘠品种，适当密植 大花生品种，如丰花1号、山花9号等每亩0.8万～0.9万穴，丰花5号、山花7号等0.9万～1万穴，小花生品种丰花6号、山花8号等1万～1.1万穴，每穴2株。

(4) 地膜覆盖，适期晚播 垄高12～15厘米，垄距80～90厘米，垄上行距35～45厘米，穴距15～18厘米，每穴2粒。早播的可用无色地膜，晚播的可用配色地膜或黑色地膜。播前带壳晒种2～3天，分级粒选。黄淮地区墒情较好或有抗旱播种条件的推迟至4月底至5月上中旬播种，无抗旱播种条件的可在4月上中旬后抢墒播种。

(5) 综合措施防治病虫害 播种时施用辛硫磷微胶囊或毒死蜱颗粒剂等防治蛴螬。用50%多菌灵按种子量的0.3%拌种防治枯萎病。叶斑病发病后用多菌灵或百菌清等杀菌剂喷施2～3次。在结荚后期喷施叶面肥防早衰落叶。

(6) 及时收获晒干避免霉捂，控制黄曲霉素污染。

3. 适宜区域

适合北方丘陵、旱地春播花生区推广。

4. 注意事项

地膜覆盖的必须于覆膜前喷施除草剂。

（五）花生单粒精播节本增效高产栽培技术

传统花生种植方式是每穴播 2 粒种子，每亩 10 万穴左右，每亩用种量（荚果）35（小花生）～45（大花生）千克，每年用种量占花生总产的 8%～10%，不仅用种量大、成本高，而且在高产条件下，群体与个体矛盾突出，群体质量下降，产量降低。以单粒精播代替双粒穴播，不仅可以减少用种量，而且可以缓解花生群体与个体的矛盾，实现花生高产高效。“十五”以来，山东省农业科学院等单位等对花生单粒精播效果、原理、应用条件以及关键技术进行了系统研究，建立了较为简单实用的技术规程，制订了省级地方标准。

1. 增产增效情况

增产增效情况指技术推广过程中产量和效益增加情况。大田试验和生产示范证明，与传统播种方式相比，该技术可使花生增产 5%～7%，亩节种 6～7 千克，亩增效 35～50 元。

2. 技术要点

技术要点指核心技术及其主要配套技术形成的技术体系、技术的详细构成与技术组装。土壤肥力中等以上，选用单株生产力高的品种，大花生可选用花育 22 等，小粒可选用花育 23 等。垄距 80～85 厘米，穴距 11～12 厘米，亩播 135 000（大花生）～14 500（小花生）粒。精选种子，用籽粒饱满活力高的一级米播种。株高达到 35 厘米时开始化控，施药后 10～15 天主茎超过 40 厘米可再喷一次，每次用药量为常规用量的 2/3～3/4。其他措施同一般高产覆膜花生。为保证出苗齐全，要注意精细整地，足墒播种。

3. 适宜区域

适合山东省花生产区。

（六）花生肥效后移防衰增产技术

花生由于地膜覆盖栽培及地下结果等原因不便追肥，多在播种前一次性施肥，造成前期旺长倒伏，后期脱肥早衰，叶斑病加重，落叶早，荚果充实性差，影响产量和品质。肥效后移技术是指采用缓控释肥、有机肥、有机无机复合肥、生物有机肥等缓释长效肥料，延缓肥效期，增强中后期肥效，可以控制前期旺长，防止后期脱肥早衰，提高肥料利用率，降低肥料对环境的污染。

生物肥和复合肥肥效试验

1. 增产增效情况

一般增产10%以上，出仁率提高2%。

2. 技术要点

（1） 春播花生采用地膜覆盖，高产粮田实行夏直播覆膜或麦田套种等两熟制。轮作换茬，秋冬深耕深翻，增施有机肥培肥地力。

（2）采用包膜控释肥　控释期3个月的硫包膜或树脂包膜尿素，与普通尿素按1∶1的比例，再与磷、钾肥配合施用。高肥地需要较晚发挥肥效，可适当加大控释肥的比例，旱薄地需较早发挥肥效，可适降低控释肥的比例。一般施肥数量为：亩产 500 千克左右的高肥力地块，亩施有机肥 4 000～5 000 千克，五氧化二磷 12 千克，纯氮 12 千克，氧化钾 10 千克；亩产 350～400 千克的中等肥力地块，亩施有机肥 3 000 千克，五氧化二磷 6～8 千克，纯氮 8～10 千克，氧化钾 4～5 千克。或采用包膜控释掺混肥 40～50 千克/亩。

有机肥在耕地前施入，化肥在起垄时一次性集中包施在垄内。

（3）适期晚播 春播花生推迟到 4 月底至 5 月中旬播种，麦套花生 5 月下旬播种，夏直播 6 月上中旬抢时早播。

（4）选用高产品种，适当密植 大花生品种丰花 1 号、山花 9 号每亩 0.8 万～0.9 万穴，丰花 5 号、山花 7 号 0.9 万～1 万穴。小花生品种丰花 4 号、山花 8 号等 1 万～1.1 万穴，每穴 2 株。

（5）其他措施同常规。

3. 适宜推广区域

山东省及黄淮海地区。

4. 注意事项

干旱影响包膜控释肥发挥肥效，遇干旱又需发挥肥效时应配合灌溉。

（七）花生蛴螬生物防治与综合防控技术

蛴螬是危害花生的主要虫害之一，常造成减产 10%～30%，重者减产 60%以上。科学防治蛴螬的方法是成虫、幼虫兼治。本技术根据成虫金龟子夜间出土交配取食的特性，利用金龟子生物引诱剂，在金龟子发生期，按照一定密度、高度置于花生田，可对成虫金龟子进行大量诱杀。

1. 增产与效益情况

该技术的应用可使蛴螬所致亩减产率控制在 5%以内，增产约

15%，亩增产约35千克，增加经济效益约70元。本技术的使用成本较低，比目前农药防治每亩节省成本10～20元。

2. 技术要点

（1）化学防治幼虫 5%毒死蜱颗粒剂，采用毒土法于花生花针期沟施，每亩用有效成分125克；或用36%毒死蜱微囊悬浮剂，于花生播种期拌种，药（制剂）种比1∶45为宜。用36%毒死蜱微囊悬浮剂，采用灌根法于花生开花下针期使用，每亩用有效成分135克；或用30%辛硫磷微囊悬浮剂，于花生播种期拌种，药（制剂）种比1∶60为宜。

（2）生物防治幼虫 150亿孢子/克球孢白僵菌可湿性粉剂，制剂300克/亩，于花生花针期沟施。

（3）金龟子生物引诱剂引诱成虫 监测阶段，在田间进行少量布点，可从6月上旬开始，每次清晨7时至8时30分放置诱捕器。防治阶段，根据监测结果，从诱到金龟子的第一天开始大量布点。晚上7时前后去田间放诱芯，8时30分前后将诱捕器收回，隔日晚再用，每次诱集时间为1.5小时左右。根据监测结果，确定在暗黑鳃金龟出土日放置诱芯，不出土日可不放。由于引诱剂挥发性强，所购诱芯应低温保存，一个花生生长季推荐使用30个诱芯。推荐田间诱捕器使用密度为外圈60～80米放一个，内圈尤其是中心位置可以减少诱捕器放置数量，连片使用，诱捕器应挂在通风处，田间使用高度为2～2.2米。

3. 适宜区域

全国花生蛴螬发生严重地区均适用。

4. 注意事项

生物防治药剂连年使用效果更佳，金龟子生物引诱剂连片使用效果更佳。

（八）山东省花生生产四大关键八项改进技术要点

花生生产四大关键技术措施概括为：深耕翻，广覆膜，增密度，防早衰。八项改进技术为：改长期自留种为定期更换新品种；改速效化肥一次施用为控释肥精准施用；改早播早收为适当晚播晚收；改人工播种收获为机械化作业；改双粒播种为单粒精播；改花生套种为夏直播；改普通病虫防治为绿色防控；改一次集中化控为多次灵活化控。

1. 四大关键技术措施

（1）深耕翻 目前，山东省花生生产很多地方存在春季浅耕耙耢、重化肥施用、轻有机肥施用等习惯，致使土壤板结，土质变劣，地力衰竭，对花生产量影响较大。结合增施有机肥进行深耕翻，加厚活土层，创造深、活、松的高产土体，培肥熟化土壤，是创建花生生产良好土壤条件的有效措施。

技术要点：春花生种植田，以秋末冬初进行深耕翻为好，一般耕深以25～30厘米为宜。深耕要结合增施肥料，冬深耕后要耙平耙细，以防风蚀，并注意早春顶凌耙地保墒。深耕翻要因地制宜，冬耕宜深，春耕宜浅。春耕要随耕随耙，以免透风跑墒。

为了创建和保持良好的土体构造和土层结构，可采取深浅轮耕的措施。即在花生与其他作物轮作周期中，只在头茬作物深耕一次，其他年度和茬口进行浅耕灭茬和掩肥作业。

（2）广覆膜 地膜覆盖具有增温、调温、保墒、提墒、控水防涝，改善土壤物理性状和近地小气候等作用，对提高花生光合效率、促进生育进程、增强抗旱耐涝能力、促进根系和果针入土结实效果明显，能有效克服花生生长发育期间诸多不利因素，为花生提供良好生长环境，确保了花生合理生育进程。

技术要点：①选用适宜的品种。土壤肥沃、水浇条件好，应选用丰产性能好的中、晚熟大果品种；麦茬夏直播可选用中早熟高产品种。②选用适宜的地膜。选用常规聚乙烯地膜，宽度90厘米，厚度不低于0.004毫米，夏花生可选用黑色地膜或配色地膜。③精细整地，增施肥料。深耕翻，并结合增施肥料将地面耙平耢细，清除残余根茬、石块等杂物。要配方施肥，注意多施有机肥等缓效肥料，并配合施用微量元素肥料。④规格覆膜，足墒播种。要按覆膜要点，严控覆膜质量。播种土壤水分为最大持水量的70%左右，在适期内保证足墒播种，或抗旱播种。

(3) 增密度 在单株产量较稳定的情况下，用增加花生种植密度的途径增加产量最为有效。山东省花生中低产田占全省花生面积的60%以上，很多地方种植密度较低，春花生只有5 000～6 000穴/亩，夏花生6 000～8 000穴/亩，距高产密度每亩相差2 000～3 000穴。因此，一般每亩增加2 000穴左右是增加产量的基础，是山东省花生增产关键技术措施之一。

技术要点：①春花生。早熟中果品种，密度以1万穴/亩左右，每穴双粒（下同）为宜。中晚熟大果品种，以0.8万～0.9万穴/亩为宜。②夏花生。夏花生密度要大于春花生，一般大花生品种要达到1万穴/亩，小花生以1.1万～1.2万穴/亩为宜，夏直播花生密度以1.1万～1.2万穴/亩为宜。③机播覆膜播种规格。垄距为85厘米，垄面宽为55厘米，垄面种两行花生，垄沟为30厘米，小行距为35厘米，大行距50厘米，穴距16.5厘米，每亩9 500穴（双粒/穴）。

(4) 防早衰 在花生生产中，由于一次性施肥（基肥），地膜覆盖，结果过早过多，化控过度，旱薄地营养生长不良的花生，都容易导致花生生育后期早衰现象的发生，如遇干旱或病虫害发生严重时，早衰更加严重，早衰成为限制山东省花生产量进一步提高的主要障碍因素。因此，及时采取防早衰措施，确保花生合理的生育进程，才能确保花生充实饱满，获得高产。

技术要点：①推行缓释肥。增施有机肥、控释肥等缓释肥料，确保花生生育中后期有较好的矿质营养供应，不脱肥。②叶面喷肥。花生生育后期，叶面喷施1%～2%尿素或0.2%～0.4%磷酸二氢钾溶液，或富含氮、磷、钾及多种微元素的叶面肥2～3次，间隔1周左右。③灵活化控。根据花生长势进行2～3次化控。一般花生田和丘陵旱地花生每次可用壮饱安 5～10 克/亩，喷 1～2 次即可，此类地块不宜施用多效唑。④加强叶斑病的防治。田间病叶率达到 6%～8%时开始喷药，每 10～15 天喷一次，连喷 2～3 次。常用药剂有 72%农用硫酸链霉素可溶性粉剂、1.5%多抗霉素可湿性粉剂、75%百菌清可湿性粉剂、50%多菌灵可湿性粉剂。

2. 八项改进技术

（1）改长期自留种为定期更换新品种 一年购种多年使用是花生生产中普遍存在的现象。农民长期自留种，引起良种退化，造成产量降低。定期更新种子，确保生产用种三年更新一次，就能恢复良种特性，充分挖掘良种的增产潜力。

技术要点：①良种溯源生产。按 1∶10 的花生繁殖比例建设原原种、原种、良种繁育基地，建立健全花生良种繁育体系，确保良种质量和数量，提高集约供种能力，实行定期统一供种。②选用专用花生良种。根据自然资源条件和花生产业化生产发展方向，选用具有较强市场优势的专用花生良种。品种要定期更新，一次购种可使用三年。③精选种子。剥壳前晒种，剥壳时精选分级，确保种子均匀一致，纯度≥98%，发芽率≥85%，净度≥98%。

（2）改速效化肥一次施用为控释肥精准施用 目前，花生施肥重、施化肥，有机肥施用减少，播前一次性施用速效化肥，忽视微肥的现象十分突出，导致肥效过于集中，前期旺长，后期早衰，不利于花生提高单产。增施有机肥，适当配施微肥，精准施用控释肥，就能确保养分供应和合理分配，提高花生产量。

技术要点：①配方施肥。高产攻关田一般亩施纯氮 12～15 千克，五氧化二磷 11～14 千克，氧化钾 14～17 千克。高产田一般亩施纯氮 8～10 千克，五氧化二磷 6～8 千克，氧化钾 8～11 千克。中低产田一般亩施纯氮 4～7 千克，五氧化二磷 3～5 千克，氧化钾 4～6 千克。②控释肥精准施用。中低产田可将全部有机肥、2/3 化肥结合耕地施入，剩余 1/3 化肥在起垄时包施在垄内或播种时用播种机施肥器施在垄中间。高产田可将化肥总量的 60%～70%改用控释肥，保证花生后期养分供应，防止早衰。

（3）改早播早收为适当晚播晚收 播种过早，一方面容易受倒春寒天气影响，造成低温冷害，诱发病毒病、根腐病、茎腐病的发生，造成枯叶或死苗；另一方面，开花下针期处在旱季，饱果期处在雨季，影响开花下针和荚果形成，使结果期分散，甚至形成几茬果，造成收获期发芽烂果。收获过早，浪费了后期大量光热资源。适当晚播晚收，避免冷害和病害的发生，并使花生生育进程适应气候，充分利用光热资源，是花生增产的有效措施。

技术要点：鲁东适宜播期为5月1～10日，鲁中、鲁西为4月25日至5月15日。如果墒情不足，应及时造墒或溜水播种。麦套花生适宜套种时间一般是麦收前15～20天，高产麦田套种花生可适当晚套，低产麦田可适当早套。提倡改花生套种为夏直播，麦收后抢时整地，机械直播。墒情不足的地块，应在麦收前5～7天灌水造墒。收获期适当延迟至9月中下旬。

（4）改人工播种收获为机械化作业 山东省农村劳动力不足，劳动力不断增值，人工花生播种收获用工多，劳动强度大，工效低，是影响花生生产发展的主要障碍因素。而花生机械化作业，可大幅降低生产成本，减轻劳动强度，提高生产效率，增加经济效益。同时，花生机械化生产可促进标准化生产发展，确保花生播种质量，能够显著提高花生产量，是花生产业可持续发展的必然选择。

技术要点：①选用多功能播种机。可选用2BFD-2B型花生播种铺膜机或2BHJ-2型花生联合精播机等多功能播种机，将起垄、播种、施肥、喷药、覆膜、膜上压土等工序一次完成，并达到标准化播种要求。②精选种子。进行种子精选，达到种子越均匀越好。③选择推广应用成熟的花生收获机进行挖掘和抖土，用摘果机摘果，也可用联合收获机将收获和摘果一次完成。

（5）改双粒播种为单粒精播 目前，山东省花生高产栽培中普遍采用双粒播种法，存在个体发育受影响，整齐度较差，大欺小的问题，难以充分挖掘单株和群体的增产潜力。花生单粒精播，不仅节种、省肥，大幅度提高工效，而且能建立合理密度，提高播种质量，培育壮苗、全苗、匀苗，有效克服花生高产栽培中存在的主要障碍因素，提高了花生群体质量，对进一步提高花生高产栽培水平具有重要意义。

技术要点：①增施控释肥。将化肥总量的60%～70%改用控释肥，保证花生后期养分供应，防止早衰。②精选种子。要对种子进行三次筛选，确保种子纯度和质量，选一级健米作种。③单粒精播。大垄双行，穴距10～11厘米，亩播1.4万～1.5万粒（穴）。

（6）改花生套种为夏直播 山东省花生套种多为麦田套种花生，随着小麦产量的提高和劳动力价值的不断增值，麦套花生费工费时、播种质量差、密度难以保证、不利于机械作业的问题越来越突出。山东省鲁中南、鲁西南地区，6月中旬至10月上旬的积温一般都在2 900℃以上，能满足夏直播花生的热量要求。实行夏花生抢茬直播，不仅可以解决麦套花生播种质量差等问题，而且便于机械作业和覆膜栽培，是提高劳动效率，增加产量和效益的有效途径。

技术要点：①精选种子。要对种子进行三次筛选，确保种子纯度和质量。剔除过大、过小的种子，确保种子均匀一致。②抢时整地播种。前茬收获后，要抢时灭茬整地，为夏直播花生播种打好基础。麦油花生要及时播种，播种时间为6月5～15日。③机播覆膜。采用机播覆膜方式，提高播种质量和生产效率，增加有效积温，为夏直播花生生长发育创造良好条件。

（7）改普通病虫防治措施为绿色控害措施 目前山东省主要病虫害的防治仍然是以化学防治为主，长期大量施用化学药品会导致在花生籽仁中的残留，危害人体健康，并对生态环境造成不良影响。采用绿色控害技术，保证花生产品质量安全，减少环境污染。

技术要点：①选用抗病品种。根据当地主要病害种类，选择相对抗病或耐病品种。②物理诱杀。主要包括频振式杀虫灯诱杀害虫技术、性诱剂诱杀害虫技术和诱虫板诱杀害虫技术，既能有效控制害虫为害，又能大大减少化学农药使用量。③生物防治。采用白僵菌、绿僵菌等生物制剂防治花生蛴螬，Bt制剂、核多角体病毒制剂防治棉铃虫，阿维菌素制剂防治花生根结线虫等。

(8) 改一次集中化控为多次灵活化控 花生生产中喷施抑制剂是控制旺长的有效措施，但存在控制时间过早、药剂量过大等不当做法，造成抑制花生生长过度，后期落叶早，早衰现象较突出，影响了光合产物的形成和积累。多次灵活化控可确保合理生育进程，协调营养分配，有效防止早衰。

技术要点：肥水条件好、种植大花生的地块，在下针期至结荚中后期可根据花生长势进行2～3次化控，调节剂可选用多效唑或壮饱安，多效唑每次用量为20克/亩左右，壮饱安每次用量为10～15克/亩；一般花生田和丘陵旱地花生每次可用壮饱安5～10克/亩，1～2次即可，此类地块不宜施用多效唑。

参 考 文 献

冯昊，李安东，吴兰荣，等，2011. 春花生超高产生育动态及生理特性研究［J］. 山东农业科学，11：28－31.

李向东，万勇善，张高英，等，1996. 麦套夏花生的生育特点分析［J］. 花生科技（03）：1－2.

王才斌，万书波，等，2009. 麦油两熟制花生高产栽培理论与技术［M］. 北京：科学出版社.

万书波，等，2003. 中国花生栽培学［M］. 上海：上海科学技术出版社.

万书波，等，2009. 山东花生六十年［M］. 北京：中国农业科学技术出版社.

王兴祥，张桃林，戴传超，2010. 连作花生土壤障碍原因及消除技术研究进展［J］. 土壤，42（4）：505－512.

万勇善，周志勇，刘风珍，等，2003. 花生生理特性与库源比关系的研究［J］. 花生学报，S1：338－345.

于天一，林建材，冯昊，等，2016. 山东省花生高产栽培技术要点［J］. 中国农技推广，12：33－34.

郑亚萍，王才斌，黄顺之，等，2008. 花生连作障碍及其缓解措施研究进展［J］. 中国油料作物学报，30（3）：384－388.

郑亚萍，梁晓艳，王才斌，等，2012. 不同土壤类型旱地花生的生理特性和农艺性状［J］. 中国油料作物学报，5：496－501.

图书在版编目（CIP）数据

花生绿色优质高效栽培技术 / 陈康，林倩，王永丽主编．—北京：中国农业出版社，2023.11（2024.3重印）
ISBN 978-7-109-30956-2

Ⅰ．①花…　Ⅱ．①陈…　②林…　③王…　Ⅲ．①花生—栽培技术—无污染技术　Ⅳ①S565.2

中国国家版本馆 CIP 数据核字（2023）第 141122 号

中国农业出版社出版
地址：北京市朝阳区麦子店街 18 号楼
邮编：100125
责任编辑：国　圆
版式设计：杨　婧　　责任校对：吴丽婷
印刷：北京通州皇家印刷厂
版次：2023 年 11 月第 1 版
印次：2024 年 3 月北京第 2 次印刷
发行：新华书店北京发行所
开本：880mm×1230mm　1/32
印张：3.5　　插页：4
字数：100 千字
定价：30.00 元